U0069001

班級：＿＿＿＿＿＿＿

姓名：＿＿＿＿＿＿＿

學號：＿＿＿＿＿＿＿

組別：＿＿＿＿＿＿＿

目　　錄

實習單元一

齒輪螺紋量測實習

一、實習目的：

1. 學習使用電子式齒輪游標卡尺量測弦齒厚。

2. 學習使用盤式齒厚分厘卡量測跨齒距。

3. 學習使用觸控式投影儀系統量測齒輪與螺紋。

二、實習儀器：

1. 電子式齒輪游標卡尺(解析度 0.01mm)

2. 盤式齒厚分厘卡(0~25mm；解析度 0.01mm)

3. 游標卡尺(0~150mm；解析度 0.02mm)

4. OTS 觸控式投影儀系統(XY 軸解析度 1 μm)

5. 玻璃校正片

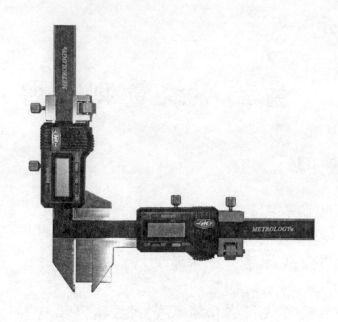

電子式齒輪游標卡尺

盤式齒厚分厘卡

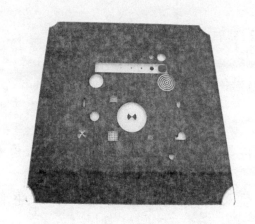

玻璃校正片

OTS 觸控式投影儀系統

三、基本原理：

(一)電子式齒輪游標卡尺

專用於量測齒輪之弦齒厚，形狀像90度之角尺，具有平行向和垂直向的游標尺，垂直尺專為測量齒頂之高度，平行尺專為量測與漸開線齒輪面的節圓相切距離，此量測距離稱為弦齒厚。

由公式計算出正齒輪的弦齒高 A_c 及弦齒厚 S_j 之理論值

$$A_c = A + \frac{MT}{2}\left(1 - \cos\frac{90}{T}\right)$$

$$S_j = MT\sin\left(\frac{90}{T}\right)$$

其中 A 為齒高、M 為模數、T 為齒數。

(二)盤式齒厚分厘卡

盤式齒厚分厘卡砧座兩端，一為固定式圓盤，一為活動式圓盤，專門用來量測齒輪的跨齒距。分開盤式齒厚分厘卡兩圓盤，讓其切線與漸開線齒輪面的基圓相切，量測距離為跨齒距。直徑愈大的齒輪則

選擇較多的跨齒數，直徑愈小的齒輪則選擇較少的跨齒數。

由公式計算出正齒輪跨齒距 S 的理論值

$$S = M\cos\alpha\big[T(\tan\alpha - \alpha) + \pi(N - 0.5)\big]$$

其中 α 為壓力角、N 為跨齒數。

(三)OTS 觸控式投影儀系統

1. 依量測工作需求選用合適的光源(背光或表面光)，並利用高清晰度 CCD 擷取影像並處理圖形資料。

2. 配合 OTS 完備之幾何量測軟體，主要功能包含基本量測及組合量測。

3. 量測時可使用影像自動尋邊檢測、去毛邊、齒輪與螺紋量測等功能，使量測工作更為快速準確。

四、實習步驟：

(一)弦齒厚量測

1. 依齒輪公式求出齒數 $T = 31$ 齒之正齒輪(也可選其他正齒輪)的弦齒厚 S_j：

(1)使用游標卡尺量測齒輪外徑 D_k。

(2)使用公式 $M = D_k / (T + 2)$，求得模數 M。

(3)使用公式 $D_o = MT$，求得齒輪節圓直徑 D_o。

(4)使用公式 $A = (D_k - D_o)/2$，求得齒高 A。

(5)使用公式 $A_c = A + \dfrac{MT}{2}\left(1 - \cos\dfrac{90}{T}\right)$，求得弦齒高 A_c。

(6)使用公式 $S_j = MT\sin\left(\dfrac{90}{T}\right)$，求得弦齒厚 S_j。

(7)使用齒輪游標卡尺，將垂直向的刻度設定為 A_c，調整水平向的游標尺，測得齒輪的弦齒厚 S_j。

2. 比較弦齒厚的理論值與實測值之差異。

(二)跨齒距量測

1. 依齒輪公式求出齒數 $T = 31$ 齒之正齒輪(也可選其他正齒輪)的跨
   齒距 S：

   (1)齒輪壓力角 $\alpha = \pi/9 = 20°$。

   (2)使用公式 $D_g = MT\cos\alpha$，求得齒輪基圓直徑 D_g。

   (3)選擇適當的跨齒數 N（$N = 2$ 或 3）作為跨齒距量測之基準。

   (4)使用公式 $S = M\cos\alpha\left[T(\tan\alpha - \alpha) + \pi(N - 0.5)\right]$，求跨齒距 S。

   (5)使用公式 $A_g = \left(D_k - D_g\right)/2$，求得外徑與基圓直徑兩者差之一
   半為量測位置。

   (6)使用盤式齒厚分厘卡，將垂直向的量測位置設定為 A_g，利用
   齒厚分厘卡跨過欲量測之齒數讓水平線與基圓直徑相切，測得
   齒輪的跨齒距 S。

2. 比較跨齒距的理論值與實測值之差異。

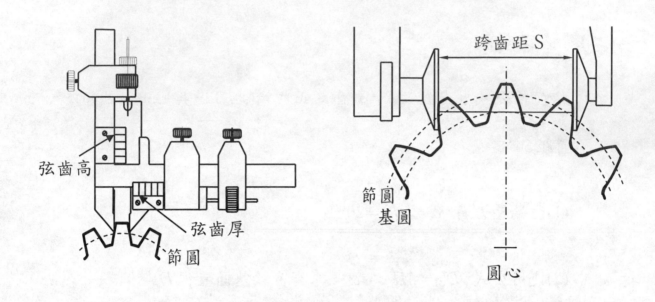

齒輪游標卡尺量測齒輪之弦齒厚　盤式齒厚分厘卡量測齒輪之跨齒距

(三) OTS 投影儀量測操作步驟

1. 開啟箱體外右側紅色電源總開關。

2. 扭開下箱蓋，並開啟電腦主機電源，自動執行 OTS 程式。

3. 按壓第一個投射燈光開關，光線由下向上並用旋轉鈕調整亮度。

4. 螢幕出現「是否要尋找座標原點」，以滑鼠按下確定。

5. 按下「按確定後，將平台移動至最左端，再往最右端移動」對話

   框的「確定」鈕。然後轉動 X 軸方向(左右方向)光學尺微調器，

讓平台向左移動些許再向右移動超過中間線，出現「X 軸原點定位完成」對話框，按「確定」鈕完成 X 軸原點定位。

6. 按下「按確定後，將平台移動至最前端，再往最後端移動」對話框的「確定」鈕。然後轉動 Y 軸方向(前後方向)光學尺微調器，先讓平台向前移動些許再向後移動超過中間線，出現「Y 軸原點定位完成」對話框，按「確定」鈕完成 Y 軸原點定位。

7. 放置標準校正片於玻璃載物台上，調整放大倍率(0.7 倍)選擇一校正圓(0.5mm)為對焦目標，令校正圓出現在螢幕綠色框線中心內。

8. 點選右下方「對焦」，轉動 Z 軸方向(上下方向)光學尺微調器，當綠色線條最高時即為最佳焦距。

9. 取下標準校正片，放置選擇之齒輪或螺紋工件於玻璃載物台上。

10. 以觸控或滑鼠點選「基本測量工具」下的齒輪 或螺紋 選項，即可依據下列「(四)OTS 投影儀齒輪量測操作步驟」或「(五)OTS 投影儀螺紋量測操作步驟」開始量測，量測結束後將實習結果列印。

11. 關機程序：關閉 OTS 程式、關閉投射燈光及電源總開關。

(四) OTS 投影儀齒輪量測操作步驟

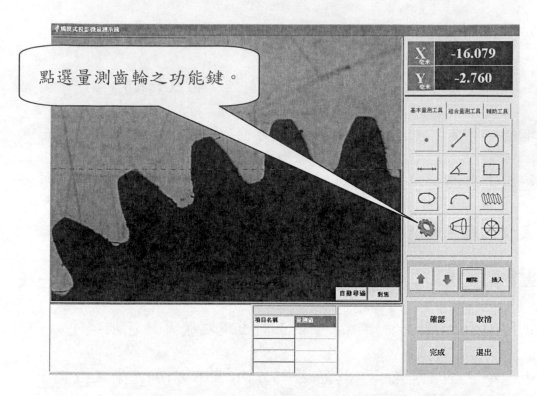

點選量測齒輪之功能鍵。

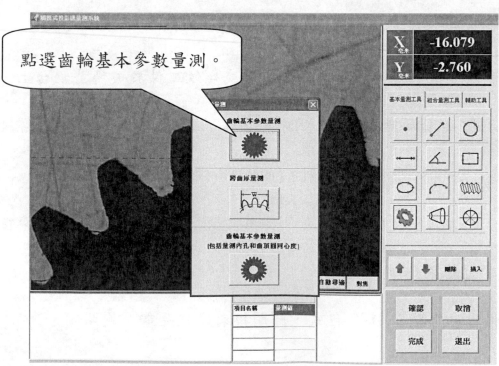

點選齒輪基本參數量測。

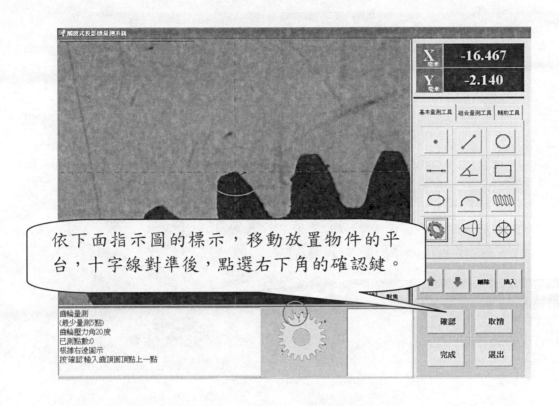

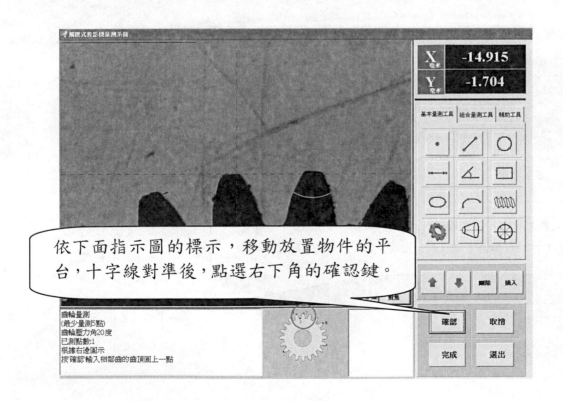

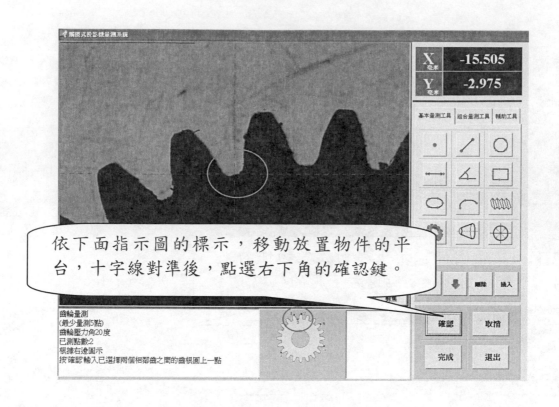

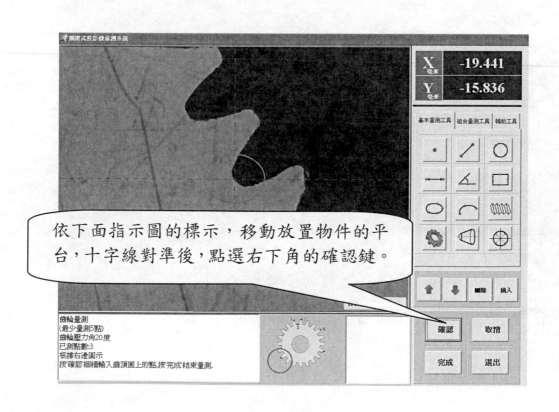

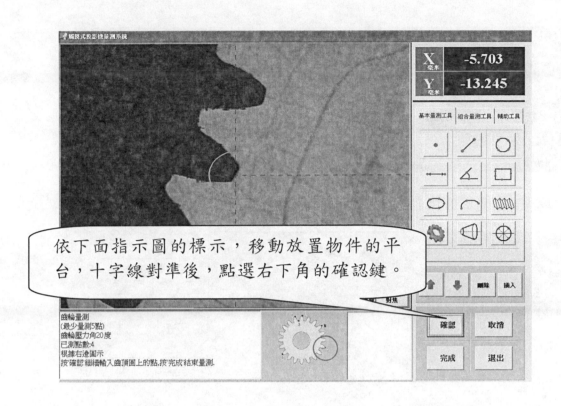

依下面指示圖的標示，移動放置物件的平台，十字線對準後，點選右下角的確認鍵。

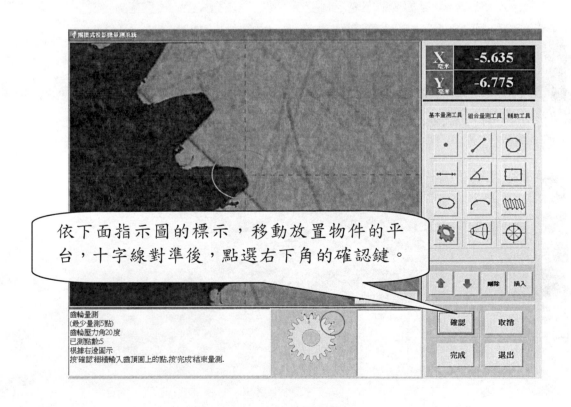

依下面指示圖的標示，移動放置物件的平台，十字線對準後，點選右下角的確認鍵。

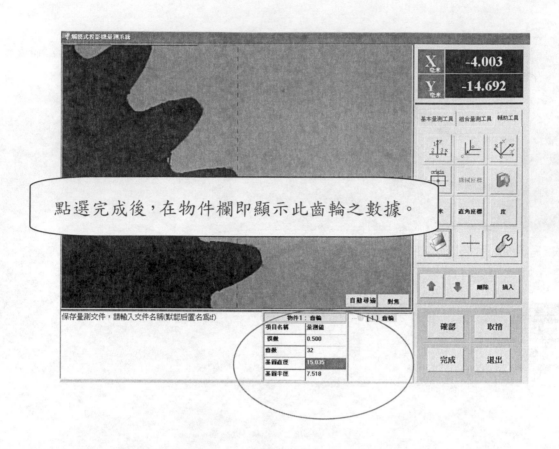

點選完成後，在物件欄即顯示此齒輪之數據。

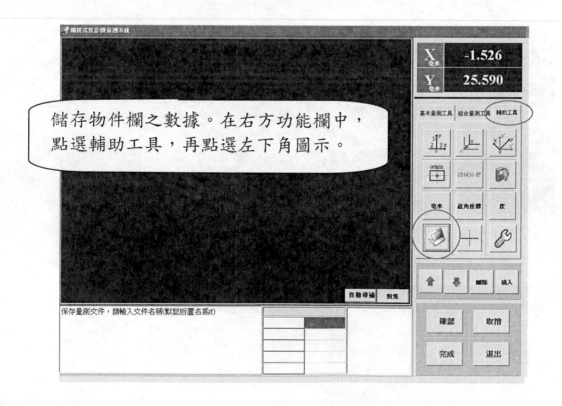

儲存物件欄之數據。在右方功能欄中，
點選輔助工具，再點選左下角圖示。

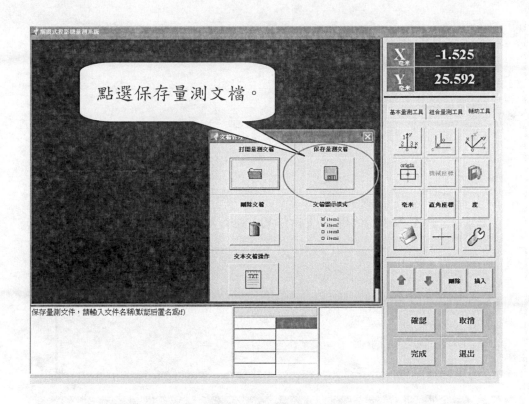

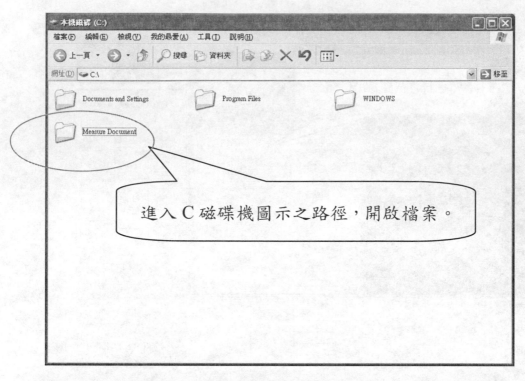

進入 C 磁碟機圖示之路徑，開啟檔案。

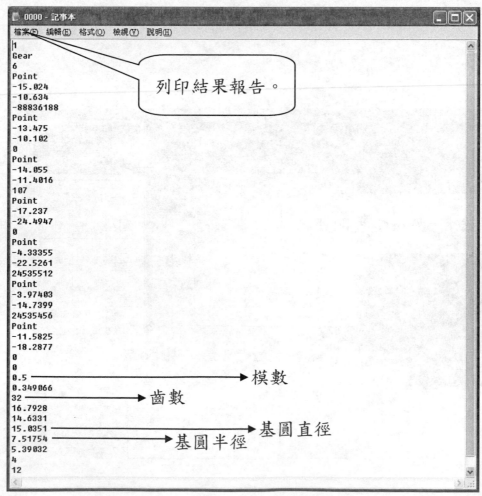

列印結果報告。

模數

齒數

基圓直徑

基圓半徑

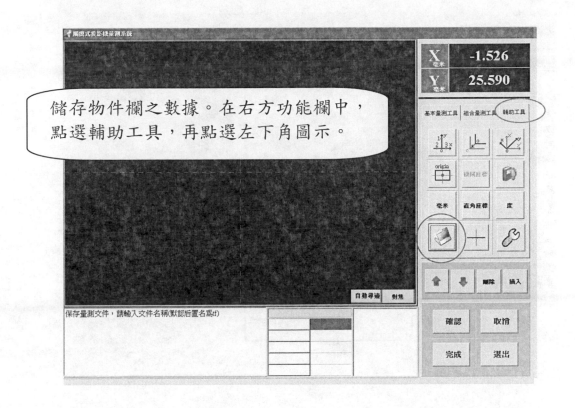

儲存物件欄之數據。在右方功能欄中，點選輔助工具，再點選左下角圖示。

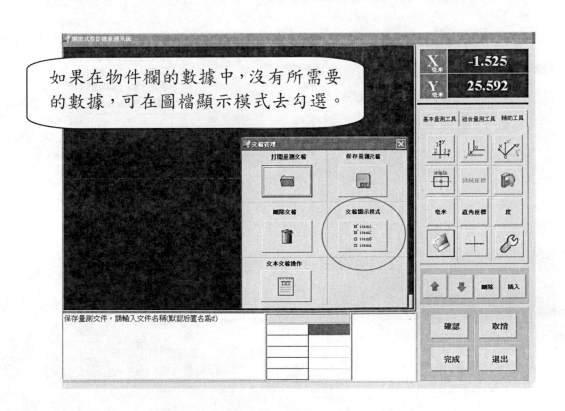

如果在物件欄的數據中，沒有所需要的數據，可在圖檔顯示模式去勾選。

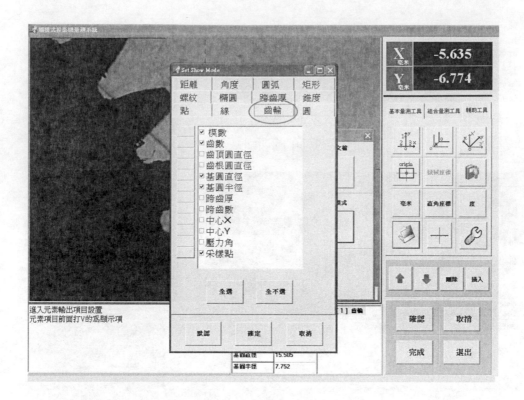

(五) OTS 投影儀螺紋量測操作步驟

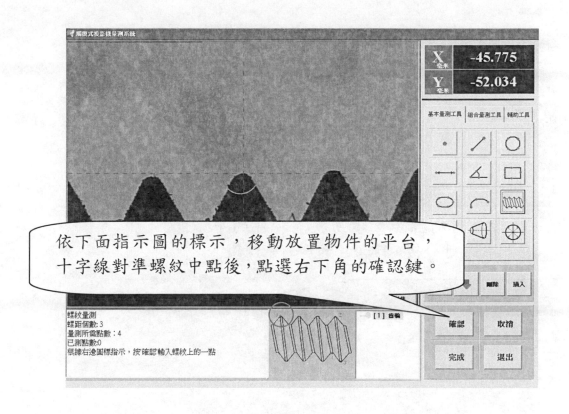

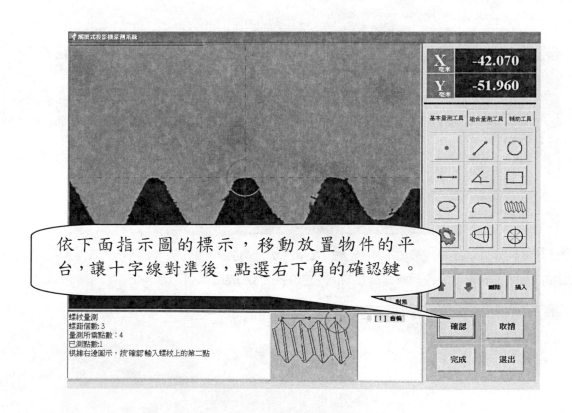

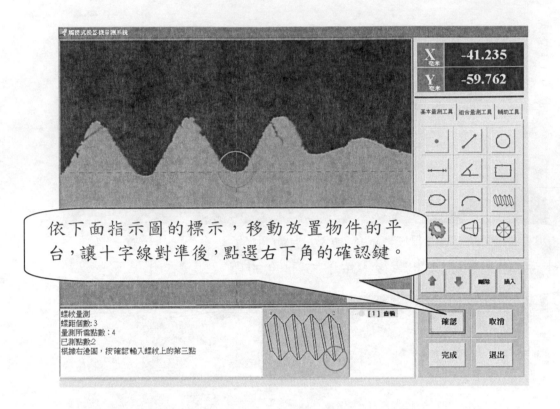

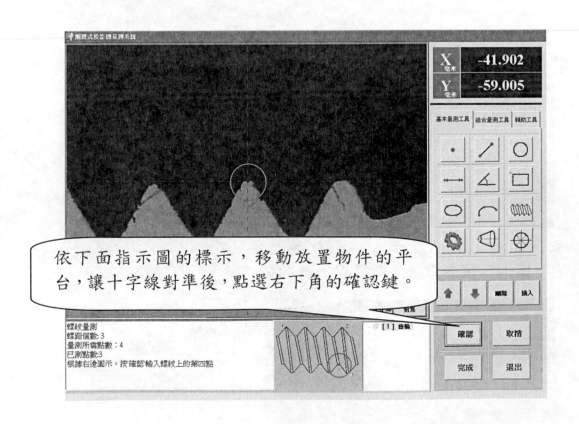

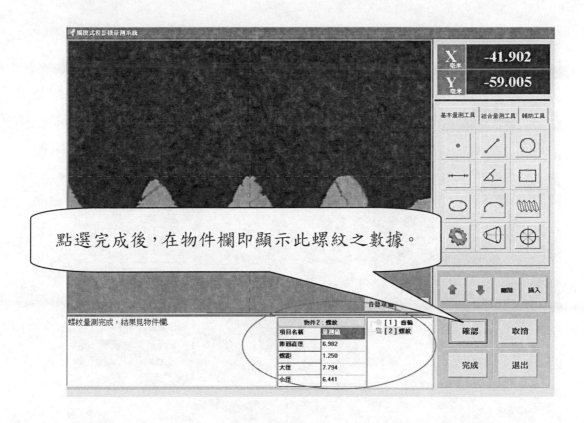

點選完成後，在物件欄即顯示此螺紋之數據。

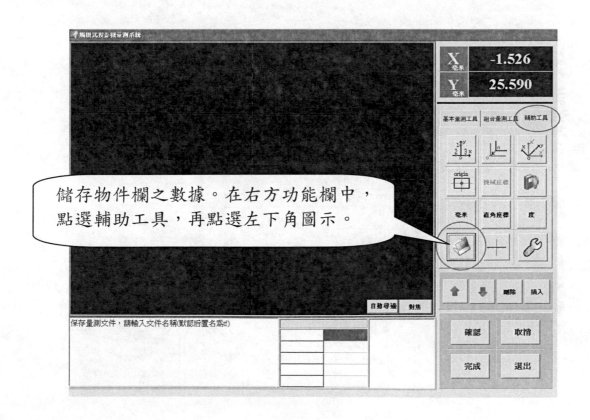

儲存物件欄之數據。在右方功能欄中，
點選輔助工具，再點選左下角圖示。

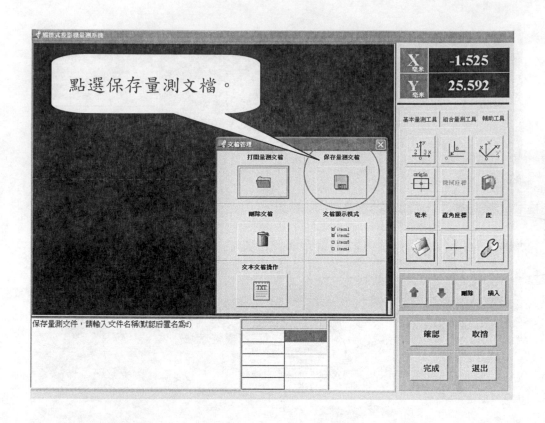

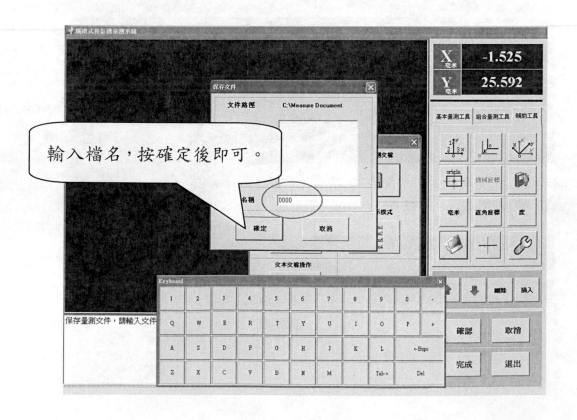

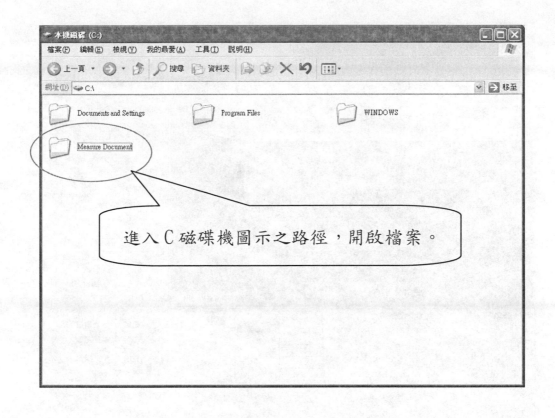

進入 C 磁碟機圖示之路徑，開啟檔案。

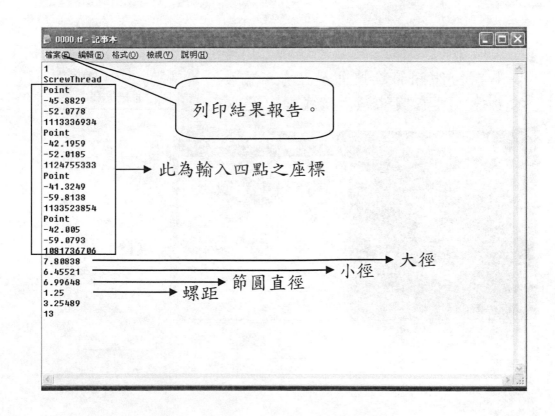

列印結果報告。

此為輸入四點之座標

大徑

小徑

節圓直徑

螺距

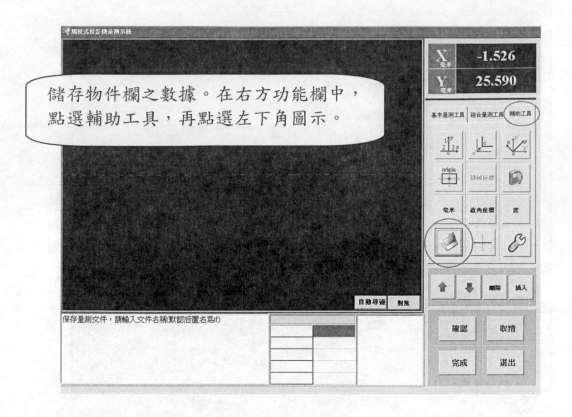

儲存物件欄之數據。在右方功能欄中，點選輔助工具，再點選左下角圖示。

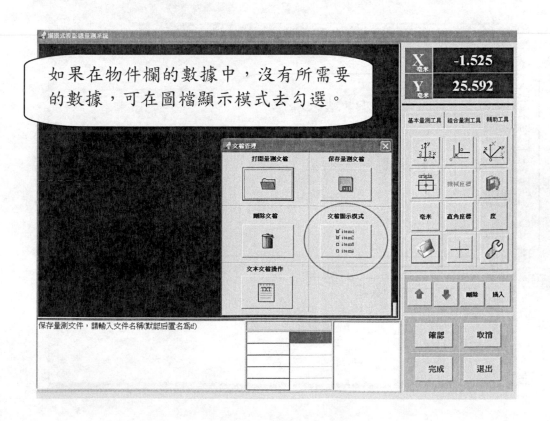

如果在物件欄的數據中，沒有所需要的數據，可在圖檔顯示模式去勾選。

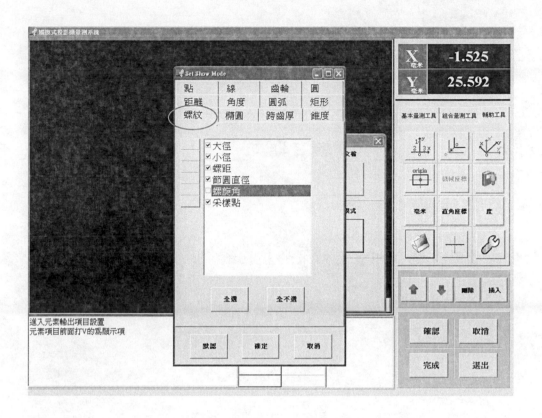

齒輪量測實習報告

班級：_____　姓名：_____　學號：_____

組別：_____　實驗日期：_____年_____月_____日

一、實習結果：

請附上或黏貼電腦列印實習結果的報表紙

儀器名稱	齒輪游標卡尺	解析度	
量測範圍		環境溫度	

儀器名稱	盤式齒厚分厘卡	解析度	
量測範圍		環境溫度	

齒輪基本量測：

	齒數 T	壓力角 α	外徑 D_k (mm)	節圓直徑 D_o (mm)	基圓直徑 D_g (mm)	模數 M
第一次						
第二次						
第三次						

弦齒厚 S_j 量測：

	弦齒高 A_c (mm)	弦齒厚 S_j (mm)
理論值		
實測值	第一次	
	第二次	
	第三次	

跨齒距 S 量測：

	跨齒數 N	跨齒距 S (mm)
理論值		
實測值	第一次	
	第二次	
	第三次	

二、問題與討論：

1.量測齒輪弦齒厚 S_j 實習中，請寫出可能造成誤差的三種原因？

2.使用 OTS 投影儀量測齒輪、螺紋過程中，如何正確選取各個選取點資料？

3.根據量測結果：同一齒輪，由不同的同學量測跨齒距 S 的大小，是否得到相同的量測值？如果不相同，請寫出可能的原因？

4.計算跨齒距 S 的大小時，$\tan\alpha - \alpha$ 項次中，壓力角 α 應代入角度或徑度，請說明原因？

三、實習心得：

_____

_____

_____

_____

_____

_____

_____

_____

_____

_____

實習單元二

表面粗糙度實習

一、實習目的：

1. 學習表面粗糙度之分析原理及量測方法。

2. 學習利用表面粗糙度標準片及表面粗度儀檢驗粗糙度。

3. 學習使用電腦連線作業方式量測粗糙度。

二、實習儀器：

1. 表面粗糙度比較片

2. 表面粗度儀

3. 校正標準片

4. 表面粗糙度 T500 軟體

表面粗糙度比較片

校正標準片

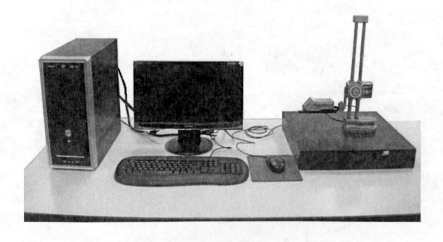

表面粗度儀系統

三、基本原理：

表面粗度儀，可分為四部分:探測器、驅動器、放大器、記錄器。探測器則有下列幾種形式:基本型、小口徑型、右側角型、凹窩型、鑿邊探針式、側墊塊型、鞋式等。探測器其前端尖頭為鑽石材料，藉著墊塊沿著工件表面進行掃描時，其垂直方向的運動被放大而記錄下來，各種形式之使用依場合各有不同，一般仍以基本型居多。

驅動器及放大器有下列幾個重要控制功能: 選擇量測範圍、起動開關、選擇表面粗糙度之量測種類、選定量測行程、數位顯示器等。驅動器目前多採用高精密驅動馬達，放大器則為積體電路，不需要溫機，一般記錄器可由報表輸出或直接自儀器上讀出該處工件表面上的各種表面粗糙度。

利用適當量測夾治具，則表面粗度儀也可以量測旋轉的圓錐面表面情形，此外也有3D的表面粗度儀，專門量測3D的表面情形，其探測器沿著工件表面進行掃描時，除了垂直方向的運動外，也作水平方向的運動，和輪廓量測儀進行量測工作之情形類似。

四、實習步驟：

1. 配合表面粗糙度標準片，以視覺、觸覺、來判斷工件為何種加工方式。

2. 緩慢升起表面粗度儀使探針離平台約 5cm，將工件置於表面粗度儀探針的下方，調整工件使工件加工切削方向與量測方向垂直。

3. 打開電腦的電源。

4. 打開位於桌面下方粗度儀電源控制開關，接著按住粗度儀上方綠色的三角形按扭，以打開表面粗度儀的電源。

5. 執行 T500 程式量測各工件之粗糙度：

   (1)用滑鼠點選「F9 資料儲存」，出現小視窗，選擇「設定 T500」選項，出現清除 T500，輸入 125 然後按「是」，將 T500 暫存資料全部清除。

   (2)用滑鼠點選 "F5 調整"，將高度規固定鈕放鬆並緩慢降下表面粗度儀的探針直到電腦上的感測數字降至-10 至+10 之間，即可停止;按「ESC」鍵即可回主功能表。

   (3)按鍵盤上的「空白鍵」，再按一次「空白鍵」開始量測，量測結束顯示結果。

(4)更換另一個工件，將表面粗度儀的探針緩慢上升，必須確認探針與工件已分離，再更換工件，重複步驟(1)到(3)，直到完成所有工件量測。

(5)用滑鼠點選「F9 資料儲存」，出現小視窗，選擇「讀取 T500」選項，將 T500 全部暫存資料傳送至電腦主機存檔，檔名長度為 5 碼，存檔完成，出現清除 T500 小視窗，輸入 125 然後按「是」將 T500 暫存資料全部清除。

(6)用滑鼠點選「F8 列印功能」，輸入班級、姓名、學號、組別。

(7)使用滑鼠或鍵盤移動藍色亮帶，選擇要印的一筆資料，按滑鼠選擇列印格式如「*」、「r」、「t」、「a」等不同列印圖形或數據，全部檔案逐項選擇列印格式。

(8)用滑鼠點選「F9 列印」，出現小視窗，選擇「參數+統計」選項列印。

6. 根據列印出來的圖形和數據，討論並比較這些工件表面粗糙度的狀況。

7. 關閉電腦主機電源。

8. 關閉位於桌面下方的表面粗度儀電源控制開關。

表面粗糙度實習報告

班級：＿＿＿＿＿＿＿　姓名：＿＿＿＿＿＿＿　學號：＿＿＿＿＿＿＿

組別：＿＿＿＿＿＿＿　實驗日期：＿＿＿＿年＿＿＿＿月＿＿＿＿日

一、實習結果：

請附上或黏貼電腦列印實習結果的報表紙

二、問題與討論：

1.請判斷工件為何種加工方式，在下表中填入車、銑、鉋、磨、拋光：

工件編號	1	2	3	4	5	6	7	8	9	10
視覺比對										
觸覺比對										
結論										

2.試從列印的報表資料中，討論並判讀這些粗糙度符號和數值所代表的意義？

3.請比較表面粗度儀與表面粗糙度比較片之優缺點，試說明之。

設備/優缺點	是否有數據記錄	是否使用便利	是否成本低廉	顧客認同
表面粗度儀				
表面粗糙度比較片				

三、實習心得：

_____

_____

_____

_____

_____

_____

_____

_____

_____

實習單元三

雷射量測與製程品管實習

一、實習目的：

1. 學習雷射掃描儀之原理及量測方法。

2. 學習使用雷射掃描儀量測工件內外徑。

3. 學習如何使用製程品管程式及結果分析判定製程能力。

二、實習儀器：

1. 雷射掃描儀(0.1~25mm；解析度 0.01μm)

2. i-Link SPC 統計工程軟體

3. 標準圓棒 25.0001mm 及 0.3000mm

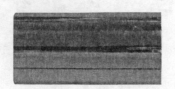

標準圓棒

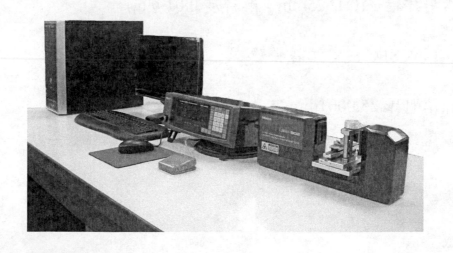

雷射掃描儀系統

三、基本原理:

(一)雷射掃描儀

雷射掃描儀,是將雷射光束對於被測工件作高速掃描,計算投影後而得到量測尺寸,因為採用非接觸式的連續性量測方法,對於各種材質的工件能做高精度的尺寸量測。

雷射掃描儀的量測原理和外觀如圖所示,在進行工件量測工作時,要在量測區裝置夾具,本機型夾具為 V 型量測架,然後將待測工件放入 V 型量測架上,按下踏板,即可得到精確的讀值。在量測的功能上有標準值及上下限設定值的裝置與不合格警告信號,可以達到自動判別合格的功能。

雷射掃描儀除了量測顯示外,也可做統計運算,不管在量測中或結束後都可以按其功能鍵檢查量測件數,最大值、最小值、平均值、散佈及標準差等品管數據。

1. 雷射掃描儀光束規格

    重複性:$\pm 0.05 \mu m$

    功率:小於1.5mW

    波　長:650nm

2. 掃描儀遮光板

遮光板位於雷射發射窗口上,作為雷射光發射的遮斷裝置,當遮光時無雷射光輸出,控制器顯示為0,遮光板打開時,雷射光正常射出,一般操作時,遮光板保持打開的狀態,維修時才將其關閉。

3. 雷射指示燈

雷射指示燈位於雷射發射窗口後方,以指示雷射光輸出狀態,當指示燈亮起表示窗口有雷射光發出,打開掃描機電源開關指示燈不會立即亮起,待雷射管射出光後,指示燈才會亮起,當切掉電源後,指示燈即熄滅。

4. 信號連接

雷射掃描儀的量測值,可經由的傳輸線的連接,傳送至電腦以供進一步的分析,當雷射掃描儀設定在零件量測狀態時,每按一次踏板,則顯示一組讀值,同時經由傳輸線傳送一組訊號出來,等到下一次按踏板才會再傳送訊號,如果設定在連續量測狀態,則依顯示頻率,連續的經由訊號接頭傳送信號。

5. 雷射安全須知

雷射掃描儀使用低能量的可見光雷射，對於皮膚、衣物、任何

物質的量測工件均無傷害性，同時發射的光束並不夾雜不可見

光或其他具有傷害性的輻射。

6. 注意事項

(1)絕不可以目視雷射光束及光束中的鏡面的反射光。

(2)非經授權的技術人員，絕不可以打開雷射掃描儀的上蓋。

(二)統計製程品管(SPC)

1. 機率分配

機率分配是一個數學模式，用以描述一個隨機變數(X)所有可能

值出現之機率。機率分配可分為連續和不連續兩種。

(1)連續分配

若一變數以連續尺度來量測，則其機率分配為連續，如產品之長

寬高尺寸。隨機變數 X 落在 a、b 兩數值所界定之區域的機率為

$$P\{a \leq X \leq b\} = \int_a^b f(x)dx$$

(2)不連續分配

若變數只為某些特定值，則稱其機率分配為不連續或離散，如顧

客數目。隨機變數 X 等於某特定值 x_i 之機率為

$$P\{X= x_i \}=P(x_i)$$

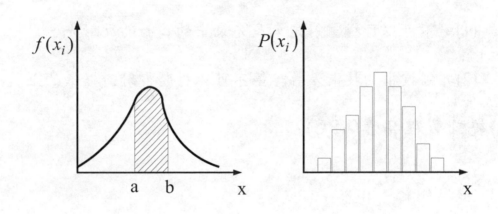

連續分配　　　　　　　　不連續分配

2. 常態分配

常態分配定義為連續隨機變數 X 具有的機率密度函數

$$f(x) = \frac{1}{\sqrt{2\pi}\sigma} \exp\left[-\frac{1}{2}(\frac{x-\mu}{\sigma})^2 \right]$$

$-\infty < x < \infty$，$\sigma > 0$，$-\infty < \mu < \infty$

則稱 X 具有常態分配，通常以 $N(\mu, \sigma^2)$ 表示。

(1)常態分配之特性

a. 自然界大部分現象之分配均屬常態分配，如身高、體重、品質特性等。

b. 隨機變數 x 為連續變數，其定義域範圍介於，$-\infty$ 與 ∞ 之間。

c. 有兩個反曲點，在 $\mu \pm \sigma$ 處。

d. 為一單峰對稱分配呈鐘型，以平均數為中心左右對稱。

e. 常態分配的形狀決定於兩個母數，即平均數 μ 與標準差 σ。

f. 曲線與 X 軸之間的面積總和等於 1。

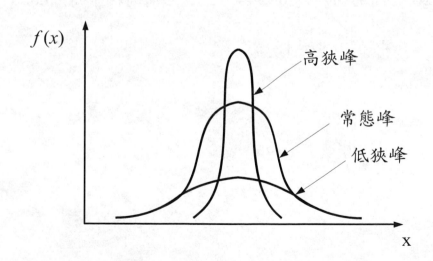

變異程度不同的常態分配圖

(2)標準常態分配

為使常態分配的計算簡化,可以經由下面這個公式將所有的常態

分配轉換成標準常態分配(μ=0,σ=1)

$$z = \frac{x - \mu}{\sigma}$$

經過轉換的標準常態分配機率值可查表得知。其機率函數如下:

$$f(z) = \frac{1}{\sqrt{2\pi}} \exp\left[-\frac{1}{2}z^2\right] \, , \ -\infty < z < \infty$$

由標準常態曲線,可以進一步求得±3σ之間的面積為 0.9973,

±2σ之間的面積為 0.9544,±1σ之間的機率為 0.6826,如圖所

示,其中 μ=0,σ=1。

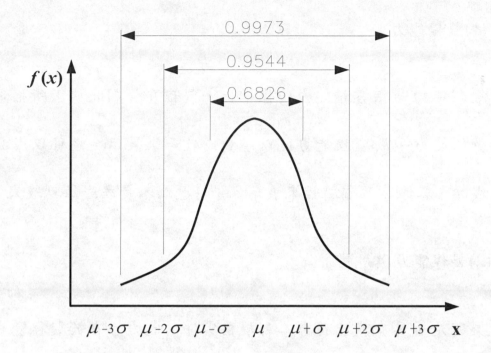

標準常態分配機率值

(3)中央極限定理

中央極限定理應用於品質管制上，非常重要，因為從某一群體中，

抽取 n 個樣本，其品質特性之觀測值分別為 X_1、X_2、...、X_n，

平均數與變異數分別為 $\overline{X}$ 與 σ^2，則令 $Y = \dfrac{(\overline{X} - \mu)}{\sigma / \sqrt{n}} = \dfrac{\sqrt{n}(\overline{X} - \mu)}{\sigma}$。

當 n→∞時，f(Y)為常態分配。

3. 製程能力分析

(1)製程能力

製程能力是指各種能力均標準化，製程在管制狀態下所呈現質與

量的能力。故製程能力可以產量或效率來表示，也可以成品、半

成品、零件等品質特性來表示，有時也以不良率或缺點數來表示。

(2)製程能力與規格

製程是否具有產出符合工程規格零件的能力，在於製程變異範圍

是否介於工程規格之內，一般而言可能有下列三種情況：

第一種情況：製程變異小於規格界線即 $6\sigma <$ USL－LSL

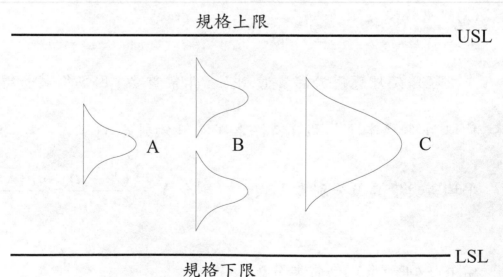

USL－LSL 示意圖

第二種情況：製程變異近似規格界線6σ≒USL－LSL

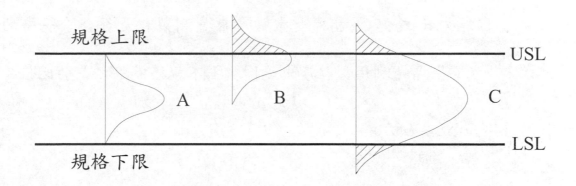

6σ≒USL－LSL 示意圖

第三種情況：製程變異大於規格界線6σ＞USL－LSL

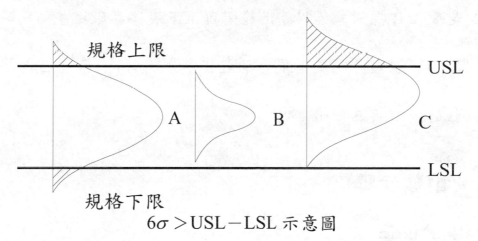

6σ＞USL－LSL 示意圖

(3)製程能力分析

製程能力分析又稱為製程能力研究，是利用管制圖、次數分配圖

及其它統計方法來決定製程能力的一種系統性工作。

(4)製程能力指標

製程能力比或稱 C_p 指標是常被拿來量測製程是否合乎規格的指標。C_p 指標是利用製程產出範圍與上下規格界限之差的比值。

$$C_p = \frac{USL - LSL}{6\sigma}$$

(USL，LSL 分別表示上下規格界限，σ 是標準差)

當製程能力比 $C_p > 1$ 顯示處於規格界限中心的製程能力相當好，這是最佳目標。當製程產出範圍與上下規格界限之差相同時，$C_p = 1$ 此時製程勉強稱為有能力的製程。當 $C_p < 1$ 表示製程能力不足，需立刻檢討改善。

四、實習步驟：

(一)雷射校正

1. 雷射長時間未使用時，鑰匙向右旋轉打開雷射掃描儀電源開關後先熱機 30 分鐘。

2. 請先確定兩側保護視窗是否打開，再使用標準棒確定雷射掃描儀精度是否正確，不準確時須重新校正精度。

3. 雷射精度重新校正步驟如下：

   (1)重新校正前請先檢查雷射是否被其他同學設定 OFF SET 或

   ZERO SET 狀態，若有須先解除以上設定。

   (2)使用棉花棒沾酒精擦拭發射及接收兩側視窗。

   (3)放入擦拭過之標準棒，依雷射校正步驟操作設定之。

   (4)若尺寸不正確請重複上述(1)(2)(3)三步驟。

4. 雷射掃描儀電源不要開開關關，下課後再關機。

5. 經常檢察雷射頭視窗是否乾淨，若受污染依(2)步驟清潔。

6. 避免雷射測定部震動。

7. 檢查雷射掃描儀螢幕顯示狀態，「SEG」、系統為「0」、量測

   方式為「2」、量測單位為「mm」、未放工件前狀態「Err0」，

   如果顯示狀態有錯誤必須重新設定。

8. 將 0.3000mm 標準圓棒置於 V 型量測架上，分開 V 型量測架，

   如兩個 V 型量測架緊靠在一起將發生量測錯誤訊息，觀看指示紅

   燈，轉動高度旋轉鈕調整標準圓棒高度，使上下指示紅燈格子數

   相同，表示工件落在雷射照射區內之中間位置，並將量測值記錄

   下來。

9. 同步驟 1.，將 25.0001mm 標準圓棒置於 V 型量測架上之中間位置，並將量測值記錄下來。

(二)製程品管

1. 選擇工件尺寸置於 V 型量測架上，觀看指示紅燈，轉動高度旋轉鈕調整工件高度，使上下紅燈格子數相同，表示工件落在雷射照射區內之中間位置，量測結果顯示在螢幕上。

2. 電腦開機，點按桌面「i-Link」軟體。

3. 執行 i-Link 程式，用滑鼠點選「開始量測」選項。

4. 選取圓棒尺寸 19mm、9mm 或 6mm，然後選擇「開啟舊檔」，出現基本資料夾小視窗，按「確定」鍵。

5. 如需開啟新檔則選取「開啟新檔」，輸入檔名，按下一步，按新增量測內容，選取外徑後按「確定」，輸入規格上限值、規格中心值、規格下限值、小數位數、單位，按下一步，最後按完成，即新增一量測檔案。

6. 開始量測工作，首先將工件置於 V 型量測架上，分開 V 型量測架，如兩個 V 型量測架緊靠在一起將發生量測錯誤訊息，一切正常後按踏板擷取量測值。

7. 完成一種尺寸 20 組 100 點量測資料後,按「Shift+A」出現開啟

   桌面小視窗,點選檔名為「雙邊 X-R 管制圖-1」的 EXCEL 檔,

   按開啟,將量測數據值傳送至預設上下限的管制圖中,按列印。

8. 重覆步驟 7,直到完成大、中、小三種規格工件的所有工件,繪

   製並列印直方圖與各種管制圖。

9. 詳細操作步驟,請參照 i-Link 手冊及 LSM-902 雷射操作手冊。

10. 結束 i-Link 程式,電腦正常關機。關閉電腦、螢幕及雷射掃描

    儀電源。

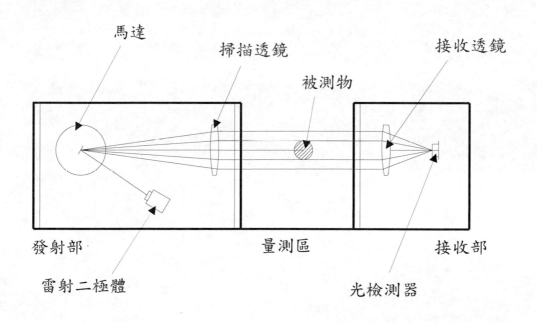

雷射掃描儀量測原理圖

雷射量測與製程品管實習報告

班級：_____ 姓名：_____ 學號：_____

組別：_____ 實驗日期：_____年_____月_____日

一、實習結果：

請附上或黏貼電腦列印實習結果的報表紙

二、問題與討論：

1.請對 SPC 作一簡要的說明(包含：中文名稱、系統構成和用途)？

2.討論此實習中所使用的雷射掃描儀是否有誤差？誤差範圍是多少？

3.請說明規格上下限與管制上下限之區別？

4.請比較 SPC 品管系統與傳統品管系統之優缺點，試列表說明之。

(提示：列舉一些特點，然後用填寫比較，或用打○和打X的方式比較)。

	量測方法			
傳統品管系統				
SPC 品管系統				

三、實習心得：

_____

_____

_____

_____

_____

_____

_____

_____

_____

實習單元四

真圓度量測實習

一、實習目的：

1. 學習真圓度量測儀之量測原理及操作方法。

2. 學習 LSC、MIC、MCC、MZC 等量測參數所代表的意義。

3. 學習使用真圓度量測儀進行真圓度、圓筒度、同心度、真平度及

   平行度等量測工作。

二、實習儀器：

1. 真圓度量測儀(三豐 RA-114，量測範圍±1000μm)

2. 空氣壓縮機

3. 空氣乾燥機

4. 壓力筒

5. 階梯軸工件及環狀工件

階梯軸工件

真圓度量測儀

三、基本原理：

真圓度(Roundness)為表示圓周輪廓形狀好壞的方式，機件製造過程中，圓形、球形和圓柱形等機件斷面形狀均為圓形，因為機件圓周輪廓好壞將影響其表面潤滑、承受振動、磨耗、微小偏擺等情況。

真圓度以失圓(Out of roundness)尺寸大小表示，即圓形工件之輪廓形狀與理想形狀的偏差量。換言之，即為二個包絡圓形工件輪廓形狀的同心圓之最小半徑差異。

表示真圓度的方法有三種：直徑法、三點法、半徑法。

1. 直徑法之真圓度：

   即以工件直徑最大值與最小值之差異為真圓度大小。

2. 三點法之真圓度：

   量取工件圓形部分支持二點(於 V 型塊上)之垂直平分線上輪廓的移動量大小為真圓度大小。

3. 半徑法之真圓度：

   量取工件的圓形輪廓半徑之最大值與最小值之差異為真圓度大小，一般真圓度量測儀屬此方式。

   真圓度之量測，通常為需量測整個圓周相當多的點數，以觀察變

異情形，依量測點間所連接的圖形，可作四種不同的參考圓。

1. 最小平方圓(Least Squares Circle, LSC)：

   即由理想圓周上的點量至外形周界上的徑向距離之平方和最小。理想圓周到最大波峰的徑向距離加上最大波谷的的徑向距離即為此圓之真圓度。

2. 最小環帶圓(Minimum Zone Circle, MZC)：

   真圓度的偏差即由二個同心圓將輪廓形狀圖形包絡起來且徑向距離為最小。最小環帶圓是由最小區間法求得，因此又稱最小區間圓。

3. 最大內切圓(Maximum Inscribed Circle, MIC)：

   被輪廓外形所包圍而無相交之最大圓。真圓度的偏差即是沿內切圓上的最大波峰之徑向距離。最大內切圓為檢驗塞規之參考圓俗稱塞形量規圓(Plug gauge circle)。

4. 最小外接圓(Minimum Circumscribed Circle, MCC)：

   封閉輪廓外形而無相交的最小圓。真圓度的偏差即是此圓周距離最大的波谷之徑向距離，最小外接圓為檢驗環規之參考圓俗稱環形量規圓(Ring gauge circle)。

四、實習步驟：

(一)平面度量測

1. 確定空氣壓縮機至壓力筒和壓力筒至真圓度量測儀管路的閥門都是開啟的，即與管路方向平行，只有壓力筒底部的排氣閥門必須關閉，並清除空氣乾燥機的水瓶積水。

2. 依序打開電源開關：總開關、空氣乾燥機、空氣壓縮機。

3. 開機初期壓力尚未打滿之前，管路接頭會有漏氣聲音屬於正常現象，當壓力打滿之後空氣壓縮機即自動跳停；空氣壓縮機會在設定的操作壓力範圍內自動運轉和跳停。

4. 打開真圓度量測儀電源，開關位於機台左後下方。

5. 打開四個分厘頭的電源。

6. 以＜＜和＞＞鍵選擇顯示量尺的範圍為-1000~+1000 μ m 進行載物台水平調整：

   (1)在主畫面下，按下「CENTERING」鍵接著按下「CHANGE」鍵進入選擇功能表，以飛梭鈕選擇「Centering」按「ENT」鍵，再以飛梭鈕選擇 Centering Method 第三項次「Leveling」功能，選擇完畢按「ENT」鍵，完成該項次選擇。

(2)用飛梭鈕選擇螢幕中「D.A.T.」方式進行水平的調整，選擇完畢按「ENT」鍵，再按下「CHANGE」鍵回到主畫面。

(3)轉動檢出器使探針方向朝下，讓檢出器白色標誌與夾治具紅色標誌重合至同一位置並固定。

(4) LCD 會顯示求水平的畫面，移動旋鈕調整垂直臂高度，使探針與載物台接觸，並使檢出器游標移至中線位置。

(5)按「START」鍵後載物台開始轉動，轉動停止後輸入半徑 R=75mm，如需改變半徑以飛梭鈕調整。

(6)按「ENT」鍵計算 LX 與 LY 分厘頭需要轉動的數值，開始調整分厘頭至 LCD 顯示的數值。

(7)LX 與 LY 顯示正值時分厘頭要逆時針向後轉動，LX 與 LY 顯示負值時分厘頭要順時針向前轉動，調整完畢將分厘頭歸零。

(8)重新按「ENT」鍵及「START」鍵再一次調整水平，重複(6)(7)步驟，調整 LX 與 LY 至±0.002mm 以內，即完成載物台水平調整。

7. 選擇工件中任一水平面量測，讓探針與水平面接觸，按「FLTNES」鍵及「ENT」鍵，機台會在「FLTNES」及「MEAS」按鍵處亮

燈顯示選擇項目，LCD 顯示 Flatness 量測狀態，按「CHANGE」

鍵進入選擇功能，轉動飛梭鈕選擇濾波值(Filter)後按「ENT」鍵，

進入濾波值選擇項次，轉動飛梭鈕選擇濾波值，確定後按「ENT」

鍵；接著轉動飛梭鈕選擇截斷值(CUT-OFF)後按「ENT」鍵，進

入截斷值選擇項次，轉動飛梭鈕選擇截斷值，確定後按「ENT」

鍵；轉動飛梭鈕選擇平面度計算方式，按「ENT」鍵進入平面度

計算選擇功能，轉動飛梭鈕選擇 LS 或 MZ 後按「ENT」鍵回到

主畫面，最後調整垂直臂移動旋鈕讓檢出器游標移至中線位置。

8. 若上次操作資料尚未顯示結果，則 LCD 上的會出現引導文字：

Press「RESULT」 key to display the analysis result。此時要先按

下「RESULT」鍵顯示上次結果，否則無法進行下一步操作。

9. 按「START」鍵開始量測平面度。

10. 量測完成之後，LCD 上的會出現引導文字：Press「RESULT」key

to display the analysis result。請按下「RESULT」鍵顯示量測結果。

11. 依需要選擇圖示結果的解析度並拍照儲存平面度實習結果。

(二)真圓度量測

1. 以≪和≫鍵選擇顯示量尺的範圍為-1000~+1000μm 進行待測工件對心調整：

(1)按下「CENTERING」鍵接著按下「CHANGE」鍵進入選擇功能表，以飛梭鈕選擇 Centering 按「ENT」鍵，以飛梭鈕選擇 Centering Method 第一項次 Centering 功能，選擇完畢按「ENT」鍵。

(2)用飛梭鈕選擇螢幕中 D.A.T. 方式進行中心的調整，選擇完畢按 ENT 鍵，再按下「CHANGE」鍵回到主畫面。

(3)轉動檢出器使探針方向朝向水平，讓檢出器另一白色標誌與夾治具紅色標誌重合至同一位置並固定。

(4) LCD 會顯示求中心的畫面，先用目視粗調待測工件中心，接著調整水平臂移動旋鈕讓探針與待測工件接觸，讓檢出器游標移至中線位置。

(5)按「START」鍵後載物台開始轉動。

(6)顯示 CX 與 CY 分厘頭需要轉動的數值，開始調整分厘頭至 LCD 顯示的數值。

(7)CX 與 CY 顯示正值時分厘頭要逆時針向後轉動，CX 與 CY 顯
　　示負值時分厘頭要順時針向前轉動，調整完畢將分厘頭歸零。

(8)重新按「ENT」及「START」鍵再一次調整水平，重複(6)(7)步
　　驟，調整 CX 與 CY 至±0.002mm 以內，即完成待測件中心調整。

2. 選擇工件中任一圓周截面量測，讓探針與圓周表面接觸，按下
　　「RNDNES」鍵，選定真圓度量測，按「ENT」鍵。

3. 調整上下及左右粗調節輪，使探針接觸工件圓周表面，並確認：

(1)若量測圓柱體外圓時，測頭要轉到 out。

(2)若量測環規內圓孔徑時，測頭要轉到 in。

4. 轉動飛梭鈕選擇外圓或內圓量測方式，按「RNDNESS」鍵及「ENT」
　　鍵，機台會在「RNDNESS」及「MEAS」按鍵亮燈顯示選擇項
　　目，LCD 顯示 Roundness 量測狀態，按「CHANGE」鍵進入選
　　擇功能，轉動飛梭鈕選擇濾波值(Filter)後按「ENT」鍵，進入濾
　　波值選擇項次，轉動飛梭鈕選擇濾波值，確定後按「ENT」鍵；
　　接著轉動飛梭鈕選擇截斷值(CUT-OFF)後按「ENT」鍵，進入截
　　斷值選擇項次，轉動飛梭鈕選擇截斷值，確定後按「ENT」鍵；
　　轉動飛梭鈕選擇真圓度計算方式，按「ENT」鍵進入真圓度計算

選擇功能，轉動飛梭鈕選擇 LSC 或 MIC 或 MCC 或 MZC 後按 ENT 鍵回到主畫面，最後調整水平臂移動旋鈕讓檢出器游標移至中線位置。

5. 若是上次操作資料尚未顯示結果，則 LCD 上會出現引導文字：Press「RESULT」 key to display the analysis result。此時要先按下「RESULT」鍵顯示上次結果，否則無法進行下一步操作。

6. 按「START」鍵開始量測真圓度。

7. 量測完成後，LCD 上的會出現引導文字：Press 「RESULT」 key to display the analysis result。按下「RESULT」鍵顯示量測結果。

8. 依需要選擇真圓度計算方法和圖示結果的解析度並拍照儲存實驗結果；按下「CHANGE」之後以飛梭鈕及「ENT」鍵選擇不同的真圓度計算方法，LSC、MIC、MCC、MZC。

9. 關機程序：

(1)關閉真圓度量測儀的電源及四個分厘頭的電源。

(2)依序關閉空氣壓縮機電源、空氣乾燥機電源、總電源。

(3)打開壓力筒底部的排氣閥門，即與管路平行方向，將壓力筒內剩餘氣體和底部積水排出，再將閥門關閉，即與管路垂直方向。

真圓度實習報告

班級：_____　姓名：_____　學號：_____

組別：_____　實驗日期：_____年_____月_____日

一、實習結果：

請附上或黏貼電腦列印實習結果的報表紙

二、問題與討論：

1.請說明四種常用真圓度表示法 LSC、MIC、MCC、MZC 之計算方式有何不同？依據實驗數據，同一項工件同一位置，何種表示方法其真圓度值最小？

2.使用真圓度量測儀時，進行水平調整與中心調整的目的為何？

3.如何確定真圓度量測儀記錄的量測值是準確的？為什麼？

三、實習心得：

_____

_____

_____

_____

_____

_____

_____

_____

_____

實習單元五

角度檢驗實習

一、實習目的：

1. 學習使用萬能量角器量測工件的角度。

2. 學習使用正弦桿配合塊規、磁性座、千分錶量測工件的角度。

二、實習儀器：

1. 正弦桿(100mm)

2. 圓形針盤指示千分錶(0~10mm；解析度 0.001mm)

3. 萬能量角器(解析度 5')

4. 塊規(Ⅱ級)

5. 角度規(當作待測件使用)

6. 磁性座

7. 花崗石平台(450mm×300mm)

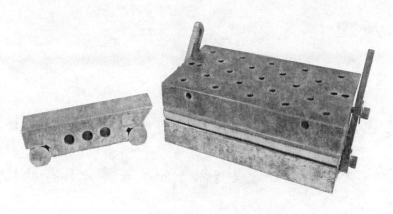

正弦桿與正弦板

萬能量角器

磁性座與千分量錶

三、基本原理：

1. 萬能量角器

   萬能量角器是應用游標原理於圓周上，以達到較精密角度量測之目的。其主圓盤分成四大等分，每等分具有度數90度，所以主圓盤的每一刻度為一度，主圓盤上度數的標註是從0度到90度，再由90度回到0度的刻度方向，另一半也是相同之原理。常用的萬能量角器之游標刻度有兩種，一為可讀到1'，一為可讀到5'。

2. 正弦桿

   正弦桿係配合千分錶、精測塊規和花崗石平台，利用三角正弦原理以計算精密之角度或錐度。正弦桿為一支經加硬磨光之直桿，附有兩個經焠火並研磨過且直徑相等之圓柱。為易於計算，兩圓柱之中心距離 L 製成100mm、200mm、300mm等規格。正弦桿之計測邊必須與兩塞桿之中心線相平行，且正弦桿必須與正確之平面共同使用。

   正弦桿之使用原理：圓柱之下面以塊規墊高，使直桿與水平線形成一個角度，此角度可由圓柱中心間距離 L 和塊規所墊之高

度 H 來決定。

其公式為：$\sin\alpha = \dfrac{H}{L}$

使用者可以藉由反正弦函數去推算出待測件角度的大小。

$$\alpha = \sin^{-1}(\dfrac{H}{L})$$

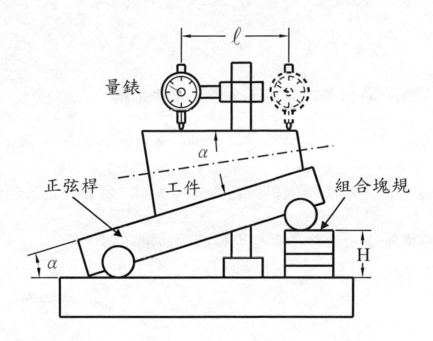

正弦桿使用示意圖

四、實習步驟：

1. 用無塵紙將實驗儀器擦拭乾淨。

2. 取一角度規作為待測件，千分錶固定於量錶架上。按照圖示將正弦桿、塊規等組裝完成於花崗石平台上。

3. 調整塊規高度,使千分錶在角度規頂面上各位置之讀數趨近於一致。

4. 將組合塊規的高度 H 及正弦桿長度 L，代入公式：
$\alpha = \sin^{-1}(H/L)$。

5. 用萬能量角器量測待測件角度，並作記錄。

6. 將正弦桿所計算出的角度與萬能量角器所量測之角度作比較。

7. 用無塵紙、塊規清潔劑和花崗石清潔劑，將實驗儀器和花崗石平台擦拭乾淨，並將儀器整齊排列於防潮箱內。

角度檢驗實習報告

班級：_____ 姓名：_____ 學號：_____

組別：_____ 實驗日期：_____年_____月_____日

一、實習結果：

儀器名稱	萬能量角器	解析度	
量測範圍		環境溫度	

儀器名稱	千分錶	解析度	
量測範圍		環境溫度	

量測儀器	待測件角度(角度規)=		待測件角度(角度規)=	
	第一次量測值	第二次量測值	第一次量測值	第二次量測值
萬能量角器				
正弦桿 $\alpha = \sin^{-1}(\dfrac{H}{L})$	$L=$ $H=$ $\alpha=$	$L=$ $H=$ $\alpha=$	$L=$ $H=$ $\alpha=$	$L=$ $H=$ $\alpha=$
量測結果較接近角度規者請打勾	☐萬能量角器　　☐正弦桿		☐萬能量角器　　☐正弦桿	

二、問題與討論：

1.萬能量角器游標刻度原理為何，請說明？

2.使用萬能量角器量測工件角度時需注意哪些事項，以減少量測誤差？

3.使用正弦桿量測工件角度時，您為何知道目前所調整塊規高度 H，就是計算工件角度公式中需用的 H 值，而不須再嘗試去組合不同的塊規高度？

4.正弦桿量測角度時，當待測件角度愈大，正弦桿的使用有何缺點，請說明？

三、實習心得：

_____

_____

_____

_____

_____

_____

_____

_____

_____

實習單元六

錐度檢驗實習

一、實習目的：

1. 學習內錐度量測和計算方法。

2. 學習外錐度量測和計算方法。

二、實習儀器：

1. 內外錐度工件

2. 大小標準鋼珠(直徑 25.00mm，直徑 15.00mm)

3. 深度分厘卡(25~100mm；解析度 0.01mm)

4. 游標卡尺(0~150mm；解析度 0.01mm)

5. 千分量錶(0~10mm；解析度 0.001mm)

6. 磁性座

7. 花崗石平台(450mm×300mm)

內外錐度工件

內錐度量測

外錐度量測

三、基本原理：

1. 以三角關係量測內錐度

   使用大小標準鋼珠、深度分厘卡和游標卡尺以間接量測的方式

   利用三角關係計算出工件之內錐度，如下圖所示。首先由大小

   鋼珠直徑的改變量作為三角形之對邊，而高度的改變量作為三

   角形之斜邊，利用正弦函數關係求出工件的半錐度$\alpha/2$，取其

   二倍即為內錐度α。

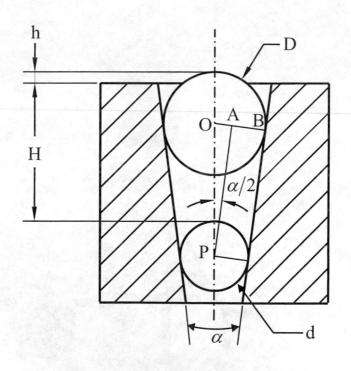

內錐度量測示意圖

2. 三角關係量測外錐度

使用磁性座、千分量錶和游標卡尺以間接量測方式利用三角關

係計算出工件之外錐度，如下圖所示。首先選定水平長度作為

三角形之鄰邊，而垂直高度的改變量作為三角形之對邊，利用

正切函數關係求出工件的半錐度 $\beta/2$，取其二倍即為外錐度 β。

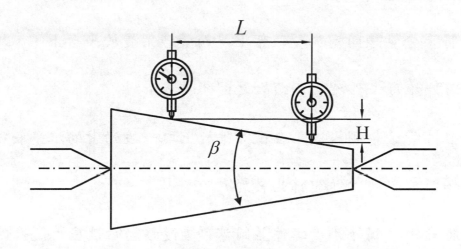

外錐度量測示意圖

四、實習步驟：

(一)內錐度量測

1. 先將直徑 $d = 15\text{mm}$ 的標準小鋼珠置於內錐度工件中，使用深度

分厘卡量測小鋼珠頂端至內錐度工件頂端之距離 m。

2. 再將直徑 $D = 25\,\mathrm{mm}$ 的標準大鋼珠置於內錐度工件中,使用游標卡尺量測內錐度工件頂端至大鋼珠頂端之距離 h。

3. 將大小鋼珠直徑 D、d 及量測結果 H、h 代入反正弦函數公式中:$\alpha = 2\sin^{-1}\left[\dfrac{(D-d)}{2(H-h)-(D-d)}\right]$,計算出錐度工件的內錐度 α。

(二)外錐度量測

1. 將千分量錶固定於量錶架上,而量錶架置於平台上。

2. 將外錐度工件架於兩頂心之間。

3. 根據量錶量測範圍,在頂心平台上取一段適當的水平長度 L,以鉛筆作記號,並記錄此長度 L。

4. 將量錶接觸外錐度工件並歸零,緩慢移動磁性座,使磁性座底部貼著平台滑動,而量錶則沿著步驟3所選定 L 長度的小端直徑滑向大端直徑。記錄量錶讀數的改變量,即兩量測點之高度差 H。

5. 將長度和高度的量測結果 L 和 H 代入反正切函數公式中:$\beta = 2\tan^{-1}\left(\dfrac{H}{L}\right)$,計算出錐度工件的外錐度 β。

錐度檢驗實習報告

班級：＿＿＿＿＿＿ 姓名：＿＿＿＿＿＿ 學號：＿＿＿＿＿＿

組別：＿＿＿＿＿ 實驗日期：＿＿＿年＿＿＿月＿＿＿日

一、實習結果：

內錐度量測：

量測次數	量測值(mm)				計算結果
	D	d	H	h	α
第一次					
第二次					
第三次					

外錐度量測：

量測次數	量測值(mm)		計算結果
	L	H	β
第一次			
第二次			
第三次			

二、問題與討論：

1.在外錐度量測中，水平長度 L 值該如何選擇，請勾選並說明原因？

☐越大越好 ☐越小越好 ☐隨意取值

2.上題中的 L 值受到那種量具量測範圍的限制？若要再加大 L 值，您可否提一解決方案？

3.在內錐度四個量測值中：☐D ☐d ☐H ☐h，您覺得那一項會造成量測結果較大的誤差？請說明原因。

4.對內外錐度 α、β 值而言，兩者的計算結果那一項可能較正確，請說明原因？

三、實習心得：

_____

_____

_____

_____

_____

_____

_____

_____

_____

實習單元七

光學平鏡實習

一、實習目的：

1. 學習利用單色光與光學平鏡之量測原理。

2. 學習觀察干涉條紋和判讀方式。

3. 學習待測工件表面之真平度及平行度量測。

二、實習儀器：

1. 塊規

2. 光學平鏡組

3. 外分厘卡

4. 氦光單色燈(波長 $\lambda = 0.58\mu m$)

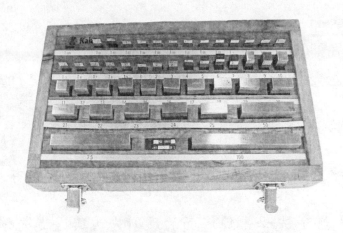

塊規

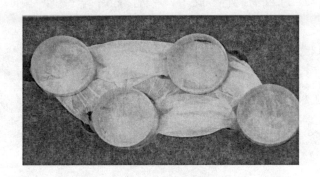

光學平鏡組

單色燈與花崗石平台

三、基本原理：

1. 同源單色光所發出的光在同一介質中為直線進行且其速度和波長保持不變。

2. 當光學平鏡置放於待測件上方，若待測件表面有細微高低差存在。則光經過光學平鏡底面的反射光，與透過光學平鏡之後再由待測件表面的反射光，此兩道光線到達觀察者眼睛所經過的距離也會有細微的差別。

3. 因此上述兩道反射光到達觀察者眼睛的時間(相位)也會有細微的差別。

4. 若光學平鏡與待測件表面間隙大小恰為 1/4、3/4 波長...時，兩道反射光具有相同的相位，因此會相互增強而呈現亮帶。

5. 若光學平鏡與待測件表面間隙大小恰為 1/2 波長的整倍數時，兩道反射光的相位差 180 度，因此會互相干涉而呈現暗帶。

6. 因此，可以從干涉條紋的數量和形狀推斷出待測件表面的高低差即為其真平度。

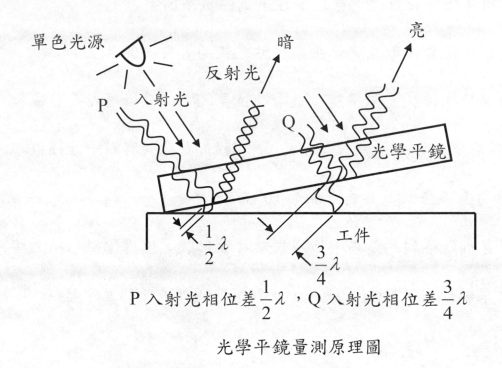

P 入射光相位差 $\frac{1}{2}\lambda$，Q 入射光相位差 $\frac{3}{4}\lambda$

光學平鏡量測原理圖

四、實習步驟：

(一) 塊規表面真平度量測

1. 取二塊長約 30cm 的擦拭紙平鋪於實驗桌面的平台上。

2. 從光學平鏡盒中取出光學平鏡，以擦拭紙輕拭光學平鏡表面，並

輕輕的置於桌面的擦拭紙上。

3. 從塊規組盒子中取出數塊塊規，以擦拭紙輕拭塊規表面，並置於

桌面的擦拭紙上，當作待測件。

4. 插上氦光單色燈電源線，並打開電源開關。

5. 將待測件放置於氦光單色燈下方，鋪擦拭紙的平台上。

6. 從光學平鏡盒中取出光學平鏡，並輕輕的置於待測件上。

7. 仔細調整工件和光學平鏡和眼睛的位置(建議：眼睛應在平鏡直徑
   10 倍以上距離，且視線儘量垂直平鏡)，直到觀察到干涉條紋。
   理想的干涉條紋數目為 6 條至 10 條。

8. 將實習所觀察到的清晰干涉條紋數目和形狀，使用像機拍攝並將
   其結果黏貼在實驗報告紙上、並判讀待測件表面的真平度。

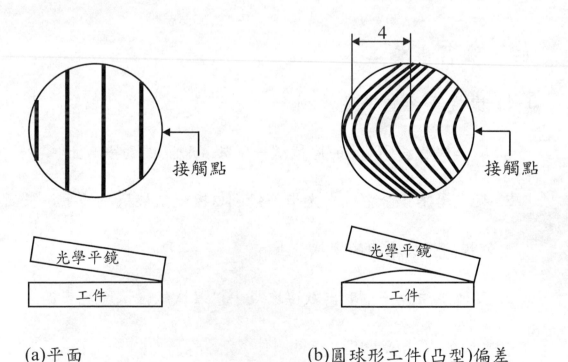

(a)平面　　　　　　　　　　　　(b)圓球形工件(凸型)偏差

工件真平度偏差=0　　　　　　　4 條暗帶=0.29×4=1.16 μm

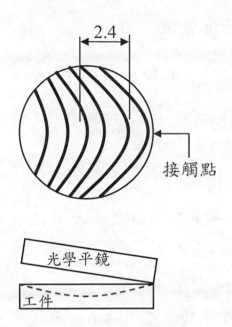
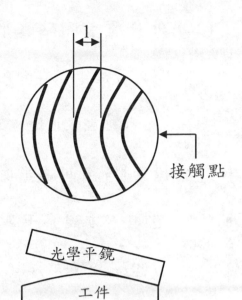

(c)圓球形工件(凹型)偏差   (d)圓柱形工件(凸型)偏差

2.4 條暗帶=0.29×2.4=0.696μm   1 條暗帶=0.29×1=0.29μm

光學平鏡量測結果說明圖

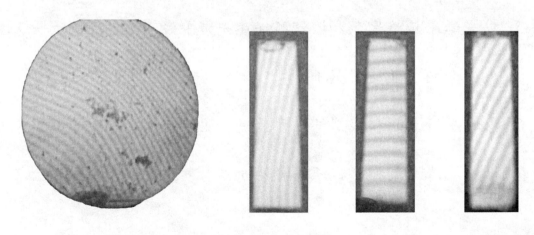

真平度干涉圖形實例

(二) 外分厘卡測砧真平度和平行度量測

1. 從外分厘卡保存盒內取出外分厘卡，以擦拭紙輕拭光學平鏡表面及兩測砧，並輕輕的置於桌面的擦拭紙上。

2. 檢查測砧面的真平度：取一光學平鏡密貼於測砧面上，在氦光單色燈下方觀察干涉條紋，每一條干涉條紋代表半波長 $\lambda/2$ 即 $0.29\,\mu m$ 之真平度。

3. 檢查兩砧面的平行度：利用光學平鏡檢查兩砧面的平行度，需使用一組 4 片的光學平鏡，其厚度分別為 25.00、25.12、25.25、25.37mm，每片厚度差為 0.125mm(為外分厘卡螺紋的 1/4 節距)。

4. 將每片光學平鏡分別置於兩測砧面之間密合，氦光單色燈下方，讀取干涉條紋數，取數最多的作為兩砧面之平行度。

5. 以光學平鏡清潔劑和擦拭紙保養光學平鏡，之後將光學平鏡輕輕放回盒內，並旋緊蓋子。

6. 以塊規清潔劑和擦拭紙保養塊規，並放回塊規盒內。

7. 以塊規清潔劑和擦拭紙保養外分厘卡，並放回外分厘卡盒內。

光學平鏡實習報告

班級：＿＿＿＿＿＿＿ 姓名：＿＿＿＿＿＿＿ 學號：＿＿＿＿＿＿

組別：＿＿＿＿＿＿＿ 實驗日期：＿＿＿年＿＿＿月＿＿＿日

一、實習結果：

儀器名稱	光學平鏡	真平度	

塊規表面真平度量測：

	干涉條紋數及圖形記錄		
	第一次	第二次	第三次
塊規A	黏貼干涉圖形	同左	同左
真平度			
塊規B	黏貼干涉圖形	同左	同左
真平度			

真平度$=\dfrac{\lambda}{2}\times$干涉條紋數

外分厘卡測砧真平度量測：

	干涉條紋數及圖形記錄		
	第一次	第二次	第三次
固定測砧	黏貼干涉圖形	同左	同左
真平度			
活動測砧	黏貼干涉圖形	同左	同左
真平度			

外分厘卡測砧平行度量測：平行度=固定測砧真平度＋活動測砧真平度

	干涉條紋數及圖形記錄		
	第一次	第二次	第三次
25.00mm	黏貼干涉圖形	同左	同左
平行度			
25.12mm	黏貼干涉圖形	同左	同左
平行度			
25.25mm	黏貼干涉圖形	同左	同左
平行度			
25.37mm	黏貼干涉圖形	同左	同左
平行度			

二、問題與討論：

1.當干涉條紋不明顯時，你要如何處理，才能使干涉條紋清晰呈現出來？

2.請問可否使用日光燈、白熱燈泡或太陽光來作為光學平鏡量測的光源？請說明其原理或原因。

3.若是光學平鏡本身表面不平是否會影響量測結果？請說明原因。

4.外分厘卡固定測砧與活動測砧之平行度該如何判讀？

三、實習心得：

_____

_____

_____

_____

_____

_____

_____

_____

_____

實習單元八

量錶校正實習

一、實習目的：

1. 學習量錶校正方法。

2. 學習使用量錶校正儀及軟體操作。

3. 學習繪製精度分析圖形、並判讀各種誤差值方法。

二、實習儀器：

1. 量錶校正儀

2. 百分指示量錶(解析度 0.01mm)

3. 電子分厘卡(0~25mm；解析度 0.0001mm)

4. sylvac 量錶校正儀及 sycopro 軟體

5. 花崗石平台(456mm×305mm)

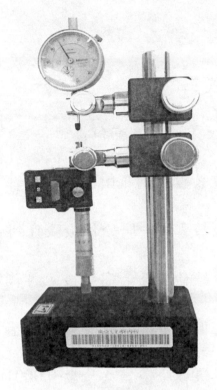

手動式量錶校正儀

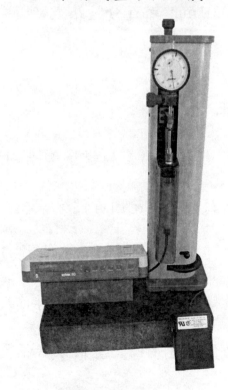

sylvac 量錶校正儀

三、基本原理：

(一)電腦輔助量錶校正

1. 量錶的精度檢驗有單向偏差和複讀偏差兩種，其偏差值允許範圍，依其最小讀數與量測範圍有關。

2. 單向偏差為量錶歸零後，開始作檢驗直到最高點時之偏差量。而複讀偏差為當量錶檢驗至最高點後，再作反方向檢驗至起始點，觀察各檢查點之偏差量，偏差量最大者稱為量錶之複讀偏差量。

3. 本實驗使用之量錶校驗儀器為精度 0.0001mm 之量錶校正器，可供檢驗精度為 0.01mm 之百分量錶或精度為 0.001mm 之千分量錶。

(二)手動式量錶校正

1. 量錶的精度檢驗有單向偏差和複讀偏差兩種，其偏差值允許範圍，依其最小讀數與量測範圍有關。

2. 單向偏差為量錶歸零後，開始作檢驗直到最高點時之偏差量。而複讀偏差為當量錶檢驗至最高點後，再作反方向檢驗至起始點，觀察各檢查點之偏差量，偏差量最大者稱為量錶之複讀偏差量。

3. 本實習使用之量錶校驗儀為讀數 0.001mm 之電子分厘卡與支持

架所組成，因此可供檢驗精度為 0.01mm 之量錶。

四、實習步驟：

(一)電腦輔助量錶校正

1. 校正時需戴上手套，以隔絕身體溫度對儀具或標準件之影響，降

低不確定度。

2. 量錶架於量錶校正器上，並微調油壓缸高度使量錶與測砧接觸。

(請注意量錶需垂直於測砧)

3. 檢查量錶，指針是否在零，否則需先作歸零動作。

4. 開啟 sylvac80 電源，按下「preset」鈕歸零。

5. 執行 sycopro 軟體。

建議將 configuration/norm 參數設為：ISO/DIS463

並將 measurement 參數設為：Total range=10，Measuring step=1，

start value=0，resolution=0.0001，Units=Millimeters

Local error=Local bias error，

Repeatability=1×10points(Vmax-Vmin)

6. 按「start」，開始校正量錶：

   (1)在Certificate Number對話框中按ok，並在Measures量測對話

   框中按「12345」鈕。

   (2)電腦會自動提示大範圍校正區間(0mm~10mm)的校正點。

   (3)轉動量錶校正器下方的轉盤，使量錶指針指在螢幕提示的校

   正點上，請緩緩轉動讓指針緩緩由小到大(或由大至小)，切

   忌轉過頭再反向逆轉，以免造成誤差，輕踩踏板(或按

   「12345」鈕)，令電腦讀取量測值。

   (4)重覆步驟 (3)，直至完成所有校正點：0、1、2、3、4、5、6、

   7、8、9、10、10、9、8、7、6、5、4、3、2、1、0的量測，

   直到完成所有22個校正點的量測，並按「ok」。

   (5)在小範圍校正區間(0mm~1mm)即區域誤差(Local error)量

   測，對話框中按「12345」鈕，電腦會隨機選取起始點，例

   如選取3mm開始，重覆步驟c量測3mm、3.1mm、3.2mm…3.9

   mm、4.0mm，直到完成所有11個校正點的量測，並按「ok」。

   (6)在重覆誤差(Repetability error)量測對話框中按「12345」鈕，

電腦會隨機選取重覆點。例如選取6mm重覆點，先由小到大靠進6mm，對話框中按「12345」鈕，再由大到小靠進6mm對話框中按「12345」鈕重覆上述步驟，直到完成所有10個校正點的量測，並按「ok」。

7. 校正報告會自動顯示在螢幕的表格之中，請用 file/save 儲存校正報告。

8. 用 configuratio/graph 調整 Y-scale 之值(建議值為 0.1 或 1.0)調整圖形顯示比例。

9. 用 file/print 列印校正報告，完成量錶校正。

10. 請轉動量錶校正器下方的轉盤，使量錶與測砧確實分離，避免彈簧疲勞。

11. 關閉電腦、印表機和量錶校正器電源。

12. 用擦拭紙和清潔劑清潔量錶校正器和量錶表面，並將量錶置於保存盒內。

開始
將量錶固定於校正器

微調油壓缸之高度
使量錶與測砧接觸

開啟 Sylvac 電源
按 Preset 鈕歸零

執行 Sycopro 軟體
設定參數值
按 Start 開始

Certificate Number 按 ok
Measures 按「12345」鈕

大範圍校正

小範圍校正

重複誤差校正

用 file/save 儲存校正報告

用 configuration/graph
調整圖形顯示比例

列印校正報告
結束

電腦輔助量錶校正流程圖

(二)手動式量錶校正

1. 將待校正的量錶固定於量錶校正儀上(如圖)。調整分厘頭的位置恰好頂住量錶測頭,分別將量錶和分厘頭歸零。

2. 大範圍校正(0mm~10mm),當轉動分厘頭時,量錶的指針也會跟著轉動。當量錶指針到 1mm、2mm…10mm 時,記錄分厘頭的讀數。

3. 讓量錶指示超過 10mm 時,再反向轉動分厘卡,量錶的讀數由大漸減小。當量錶指針到 10mm、9mm…1mm、0mm 時,記錄分厘卡的讀數。

4. 重覆步驟 2~3,三次,請記錄資料。

5. 請繪製量錶精度檢驗分析圖形,並由圖形判讀:單向偏差量、總合偏差量及複讀偏差量。

量錶校正實習報告

班級：_____ 姓名：_____ 學號：_____

組別：_____ 實驗日期：_____年_____月_____日

一、實習結果：

(一)電腦輔助量錶校正

請附上或黏貼電腦列印實習結果的報表紙

(二)手動式量錶校正

儀器名稱：分厘卡　　　　量測範圍：　　　　　解析度：

校正次數		第一次量測值		第二次量測值		第三次量測值		三次平均值	
量錶校正點		分厘卡讀值	偏差	分厘卡讀值	偏差	分厘卡讀值	偏差	分厘卡讀值	偏差
校正點	0mm								
	1mm								
	2mm								
	3mm								
	4mm								
	5mm								
	6mm								
	7mm								
	8mm								
	9mm								
	10mm								
	10mm								
	9mm								
	8mm								
	7mm								
	6mm								
	5mm								
	4mm								
	3mm								
	2mm								
	1mm								
	0mm								

範例：單向偏差量：6μm，總合偏差量：8μm，複讀偏差量：4μm。

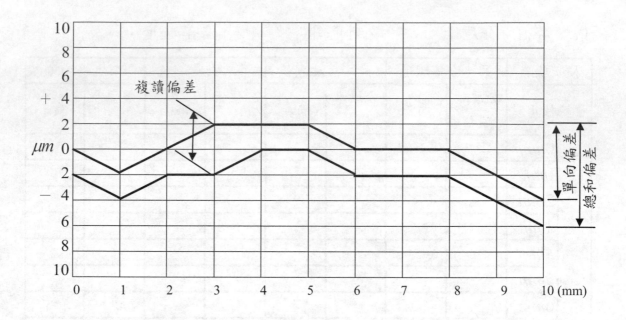

依範例將量錶偏差量之實習結果繪圖：

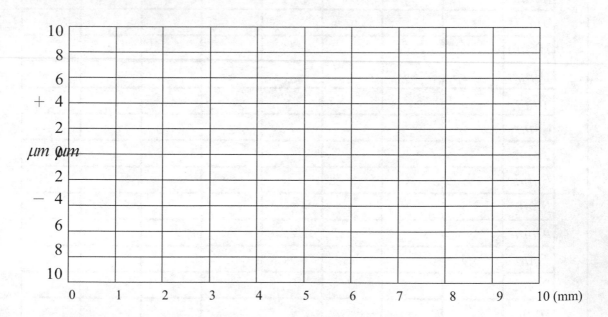

偏差量實習結果：單向偏差量：_____μm，總合偏差量：_____μm，

複讀偏差量：_____μm。

二、問題與討論：

1.為何各校正點要以量錶刻度為基準，而不以分厘卡為基準？

2.什麼是複讀偏差？請列舉出一個主要造成複讀偏差的原因？

3.此實習除了量錶的單向偏差、總合偏差、複讀偏差以外，還有可能的誤差嗎？請勾選有可能存在的誤差，並簡要的說明導致這些誤差的原因：□餘弦誤差　□阿貝誤差　□撓曲誤差　□視覺誤差　□溫差

4.請比較傳統校正量錶與電腦輔助量錶校正系統之優缺點：

設備/優缺點	擷取數據方法	記錄/儲存方式	作業時間	後續應用
傳統校正量錶的方法				
電腦輔助量錶校正系統				

三、實習心得：

實習單元九

長度量測實習

一、實習目的：

1. 學習各種量具的操作方法。

2. 學習藉著比較使用不同量具的量測結果，以培養精度觀念。

3. 學習依需求選用最合適的量具。

二、實習儀器：

1. 游標卡尺(0~150mm；解析度 0.02mm)

2. 電子式游標卡尺(0~150mm；解析度 0.01mm)

3. 內徑分厘卡(5~30mm；解析度 0.01mm) (25~50mm；解析度 0.01mm)

4. 電子分厘卡(0~25mm；解析度 0.01mm) (25~50mm；解析度 0.01mm)

5. 深度分厘卡(0~25mm；解析度 0.01mm)

6. 深度游標卡尺(0~200mm；解析度 0.02mm)

7. 三點式內徑分厘卡(20~25mm；解析度 0.005mm)

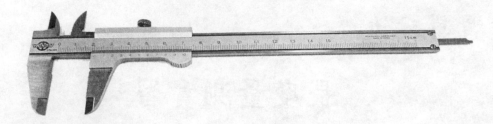

游標卡尺

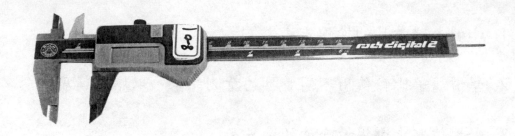

電子式游標卡尺

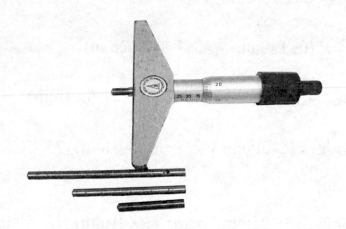

深度分厘卡

三點式內徑分厘卡

三、基本原理：

(一)游標微分原理

　　游標卡尺在各種量具中，操作上相當簡易。普通可量出之最小解析為 0.02mm 及 0.001"，為一般工作人員必備，使用時必須充份了解游標卡尺之讀法，始能正確的操作。游標微分原理如圖所示,在主尺與副尺上共同取一段長度 L,主尺等分為 aN-1 等分，副尺等分為 N 等分，則主尺刻劃距離為 L/(aN-1) ，副尺刻劃距離為 L/N ，(aL/aN-1)-L/N=L/(aN-1)N，以此類推主尺第 2a、3a、4a...刻劃與副尺第 2、3、4...刻劃之距離為 2L/(aN-1)N、3L/(aN-1)N、 4L(aN-1)N...。

　　當使用時副尺往右移 L/(aN-1)N 的距離，則主尺刻劃與副尺第一條刻劃重合，若副尺在第五條線重合，則知副尺往右移 5L/(aN-1)N 的距離。例如游標卡尺之 L＝39mm，主尺分為 39 格刻劃副尺分為 20 刻劃，故游標尺之精度 L/(aN-1)N=39/(2×20-1)×20=1/20=0.05(mm) (N=20，a=2)

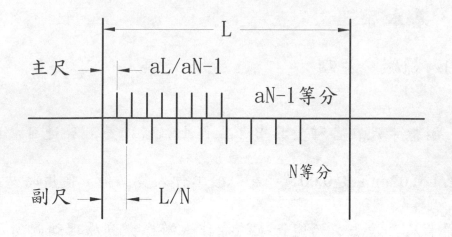

游標卡尺微分原理

　　為適應各種不同的工作量測，一般游標尺有下列幾種不同形式：

1. 游標卡尺：測量圓形工作物之內外徑、長度、厚度、槽之寬度等，

　　與內外卡鉗之用途相似，亦有深度量測裝置以量測短距離深度，

　　此種卡尺使用簡單，為工廠常用的量測工具。

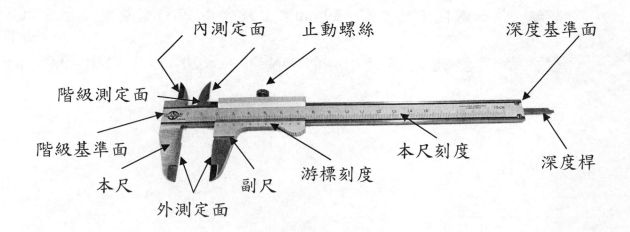

2. 游標高度尺：是一種量測高度及劃線時使用之游標尺，形狀似普通的劃線盤。

3. 游標深度尺：專用於量測孔深、槽深等。

4. 齒厚游標卡尺：專用於量測齒輪的齒厚，形狀像90度之角尺，有平行和垂直兩種，垂直尺桿為測量齒頂之高度，平行尺桿則測量齒輪之齒厚。

5. 其它特殊用途游標卡尺：例如專用於量測中心距之中心距游標卡尺、專用於量測段差之段差游標卡尺、專用於量測管厚之管厚游標卡尺、及所謂尖爪式、短爪式、薄爪式游標卡尺皆是。

(二)分厘卡微分原理

分厘卡又稱為測微器，可測出 0.001mm 或 0.0001" 之長度變化量，故一般機械工場應用最廣。常用之分厘卡，可量測出 0.01mm 或 0.001" 之精度，已足以應用於一般加工之量測。分厘卡之構造，包括卡架、測量砧座、襯筒、主軸螺桿 、固定卡鎖、外套筒、棘輪停止器等部分，如圖所示：

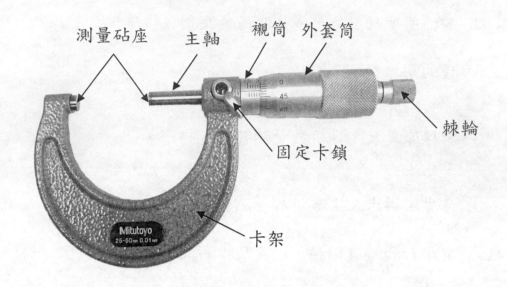

分厘卡之構造

　　分厘卡係利用螺紋微分的原理，將一導程為 P 的螺桿，在其外套

筒上劃分 N 等分刻劃，因此每一刻劃所代表的軸向距離為 P/N，如圖

所示：

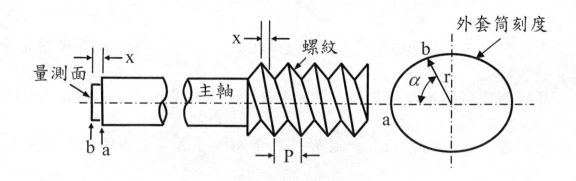

分厘卡之微分原理

，故其精度為 P/N(P：螺紋導程；N：外套筒等分數)，而旋轉 α 角所表示的軸向距離 x 就等於 $\alpha P/2\pi$，若分厘卡採用導程為 0.5mm 的螺桿，其外套筒刻劃為 50 等分，因此解析度為 0.01mm。一般分厘卡有下列幾種不同形式：

1. 測距分厘卡：量測待測距離。

2. 內測分厘卡：量測待測物之內側長度。

3. 外測分厘卡：量測待測物之外側長度。

4. 齒輪分厘卡：量測齒輪之齒面稱齒面分厘卡、量測齒厚稱齒厚分厘卡。

5. 螺紋分厘卡：量測螺紋節徑稱螺紋分厘卡、量測螺牙稱螺牙分厘卡。

6. 其它特殊用途分厘卡：例如度盤式分厘卡、測管分厘卡。

四、實習步驟：

1. 戴上手套，以隔絕身體溫度對儀器或標準件之影響，降低不確定度。

2. 使用純度較高(99.5%以上)之無水酒精並配合無塵紙加以擦拭各儀器與待測件之各部位。

3. 檢查量具本尺與游尺之零刻度是否對齊，否則需先作調整及歸零動作。

4. 請使用游標卡尺、外徑測微器量測兩鋼珠之外徑，記錄量測值。

5. 請選用合適的量具，量測梯型工件各指定位置的尺寸，並記錄在記錄表上，每個校正點應至少量取 2 次數據作平均。

6. 同一尺寸在量具可用量測範圍內儘可能多用幾種不同的量具量測，以便在問題討論中作比較、討論之用。

7. 將所有儀具作清潔及保養工作，並放回規定之位置。

注意事項：

1. 游標卡尺量測工件尺寸時，應使測爪與工件量測面垂直，並輕微調整游標卡尺使接觸面彼此密合接觸，並量取最小讀數值為正確尺寸。

2. 量測工件尺寸時應保持游標卡尺與工件互相平行。

3. 使用游標卡尺的深度測桿量測內孔深度時，請將附件裝置於游標卡尺尾端，量測時應保持游標卡尺與工件互相平行。

4. 使用分厘卡應確定刻度增加的方向(向右漸增或向左漸增)，以避免誤讀。

5. 當分厘卡測砧接近工件時，請慢速旋轉棘輪使其與工件密合，當棘輪發出 3 響之後，讀取量測值。

長度量測實習報告

班級：_____　姓名：_____　學號：_____

組別：_____　實驗日期：_____年_____月_____日

一、實習結果：

儀器名稱	游標卡尺	解析度	
量測範圍		環境溫度	

儀器名稱	分厘卡	解析度	
量測範圍		環境溫度	

儀器名稱	三點式分厘卡	解析度	
量測範圍		環境溫度	

儀器名稱	深度分厘卡	解析度	
量測範圍		環境溫度	

梯型工件三視圖和各指定位置的尺寸(如三視圖中所給的英文字母代

號所示)：

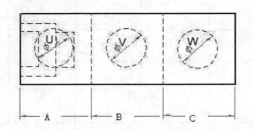

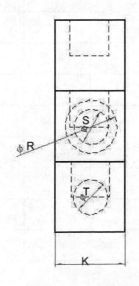

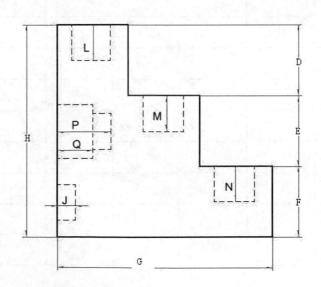

梯型工件量測結果：

量測位置	游標卡尺 最小讀數： mm		外徑分厘卡 最小讀數： mm		三點式分厘卡 最小讀數： mm		深度分厘卡 最小讀數： mm	
	第一次	第二次	第一次	第二次	第一次	第二次	第一次	第二次
A								
B								
C								
D								
E								
F								
G								
H								
J								
K								
L								
M								
N								
P								
Q								
R								
S								
T								
U								
V								
W								

鋼珠量測結果：

		游標卡尺 最小讀數： mm	外徑分厘卡 最小讀數： mm
鋼珠 I	第一次量測		
	第二次量測		
	第三次量測		
	三次量測平均值		
鋼珠 II	第一次量測		
	第二次量測		
	第三次量測		
	三次量測平均值		

二、問題與討論：

1.請說明阿貝原理？

2.您如何以游標微分原理設計出一解析度為 0.02mm 之游標卡尺？

3.量測梯形工件尺寸時，那一項誤差最大？請以三視圖中之英文代號表示之，並列出可能造成誤差的原因？

4.在下表中填入本次實習使用的量具名稱：

比較項目	使用次數 最多的量具	解析度 最高的量具	量測深度 較適合的量具	量測圓孔內徑 最方便的量具
量具名稱				

三、實習心得：

實習單元十

三次元量測實習

一、實習目的：

1. 學習三次元量測儀之基本構造及量測原理。

2. 學習三次元量測儀之量測功能及操作方法。

3. 學習使用三次元量測儀並能正確執行量測工作。

二、實習儀器：

1. 三次元量測儀

2. 標準校正球(25.395mm)

3. 空氣壓縮機

4. 空氣乾燥機

5. 壓力筒

6. 待測工件

標準校正球

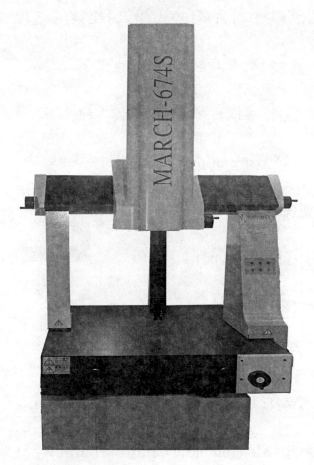

三次元量測儀

三、基本原理：

三次元量測座標儀(Coordinate Measuring Machine)是指在一個六面體的空間範圍內，能夠表現幾何形狀、長度及圓周分度等量測能力的儀器，又稱三次元量測儀或三次元量床。

三次元量測儀可定義為“一種具有可作三個方向移動的探測器，可在三個互相垂直的導軌上移動，此探測器以接觸或非接觸等方式傳送訊號，三軸之位移量測系統(如光學尺)經數據處理或電腦計算出工件的各點座標(x，y，z)及各項功能量測的儀器”。

三次元量測儀之結構可分為下列十二種：

1. 移動橋架型(Moving bridge type)：

2. 床式橋架型(Bridge bed type)：

3. 柱式橋架型(Gantry type)：

4. 固定橋架型(Fixed bridge type)：

5. L形橋架型(L-shaped bridge type)：

6. y軸移動懸臂型(Fixed table cantilever arm type)：

7. 單支柱移動型(Moving table cantilever arm type)：

8. 單支柱xy量測台移動型(Single column xy table type)：

9. 水平臂量測台移動型(Moving table horizontal arm type)：

10. 水平臂量測台固定型(Fixed table horizontal arm type)：

11. 水平臂移動型(Moving arm horizontal arm type)：

12. 環閉橋架型(Ring bridge type)：

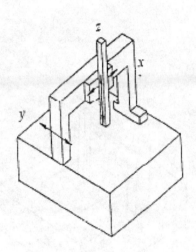

1. 移動橋架型

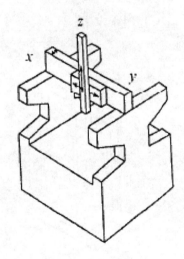

2. 床式橋架型

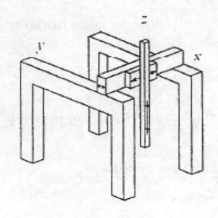

3. 柱式橋架型

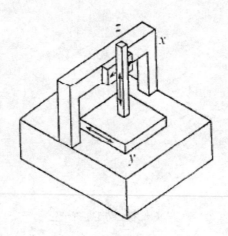

4. 固定橋架型

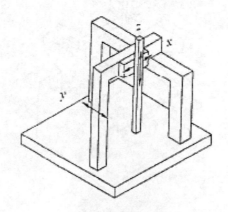

5. L形橋架型

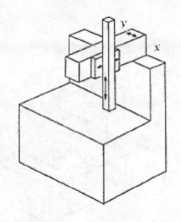

6. y 軸移動懸臂型

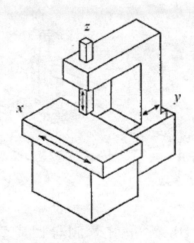

7. 單支柱移動型

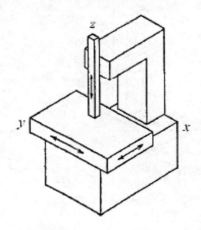

8. 單支柱 xy 量測台移動型

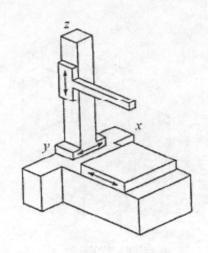

9. 水平臂量測台移動型

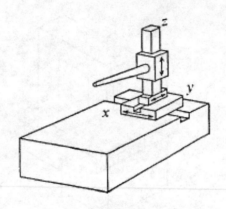

10. 水平臂量測台固定型

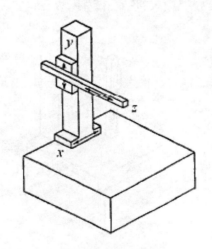

11. 水平臂移動型

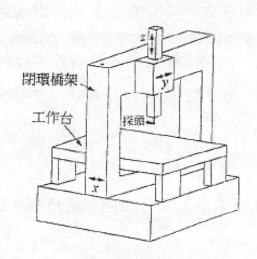

12. 環閉橋架型

三次元量測儀依操作方式分類為：

1. 手動三次元量測儀

2. 馬達驅動式三次元量測儀

3. CNC式三次元量測儀

三次元量測儀式由硬體設備和軟體部分兩大項所組成：

硬體設備：包括軸向導引機構、量測系統(光學尺)、進給機構和旋轉平

台等。常用導引機構有空氣軸承導軌、滾子軸承導軌和滾珠或滾子導

軌等三種。

軟體部分：包括量測數據處理和量測功能(量測凸輪、齒輪、曲面、輪

廓等)而定。

三次元量床量測系統，通常在三個軸分別有線性量測系統。線性量測原理常用莫瑞(Moire)條紋及線性編碼器等兩種。

三次元量測儀探頭分類：

1. 機械式探頭

   機械式探頭種類繁多，常用探頭包括球形、錐形、圓柱形及萬能形等。

2. 觸發式探頭

   無論在任何位置方向，只要其探針偏離中心位置至某一程度時，立即會產生一個檢測信號。

3. 3-D掃描式探頭

   本身是一種小型的三次元量測儀。探頭前端與觸發式探頭相同，因此兼具動態掃描和靜態觸發的功能。

4. 非接觸式探頭

   非接觸式探頭有中心顯微鏡、中心投影器、影像視訊螢幕和雷射掃描等方式，可應用在小型零件形狀的量測、無法使用機械式探頭量測的柔軟工件等。

座標系統：

1. 機器座標系統

    由三次元量測儀本身的x、y、z軸所組成，用來做決定各軸的位移量、儲存座標資料，以作為CNC操作時的參考。

2. 工作座標系統

    為了量測方便，可獨立於機器座標系統，有必要根據工件特色，利用量測的數據在工件參考平面上另設一個座標系統，稱為工作座標系統。

四、實習步驟：

開機程序：

1. 確定空氣壓縮機至壓力筒和壓力筒至真圓度量測儀管路的閥門都是開啟的，即與管路方向平行，只有壓力筒底部的排氣閥門必須關閉，並清除空氣乾燥機的水瓶積水。

2. 依序打開電源開關：總開關、空氣乾燥機、空氣壓縮機。

3. 開機初期壓力尚未打滿之前，管路接頭會有漏氣聲音屬於正常現象，當壓力打滿之後空氣壓縮機即自動跳停；空氣壓縮機會在設定的操作壓力範圍內自動運轉和跳停。

4. 打開電腦電源。

軟體使用介面：

(一)TPM 視窗環境

TPM提供一個簡便的介面系統，全新繪圖處理功能，3D立體顯示。

介面分為四大區域：

1. 資料顯示區：顯示量測元素的詳細資料。

(1)機械座標顯示區：

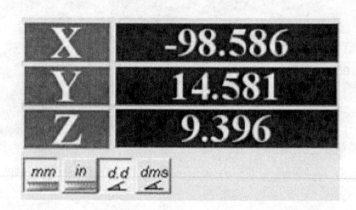

坐標系為笛卡兒直角坐標系，X、Y、Z數值為探頭在機台坐標

系下的座標值。

mm　　切換為公制單位：毫米。

in　　切換為英制單位：英寸。

dms　　切換為度、分、秒。

d.d　　切換為十進位角度。

(2)資料顯示：

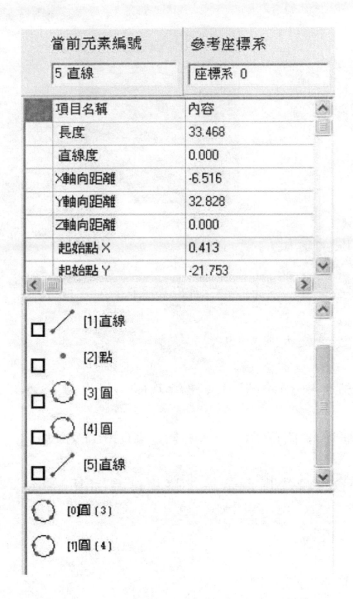

　　上部分顯示資料的詳細內容和數值，如坐標系的序號。中間部

分顯示繪圖區內所有元素的列表。下側顯示該元素的組成。在

測量時候，還顯示測量點的座標值資訊。

2. 繪圖區：顯示量測元素圖示，位置關係等。

(1)探頭和坐標系爲第三視角機械坐標系：

(2)繪圖區功能鍵的使用意義：

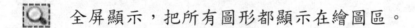 全屏顯示，把所有圖形都顯示在繪圖區。

框選放大。

局部移動放大，快捷鍵爲(shift+左鍵)。

平移繪圖顯示區，快捷鍵爲(shift+右鍵)。

3D旋轉繪圖顯示區，快捷鍵爲(shift+中鍵)。

上視圖

前視圖

側視圖

透視圖

不貼圖

貼圖

 點選視角

3. 快捷鍵區：快捷鍵圖示。

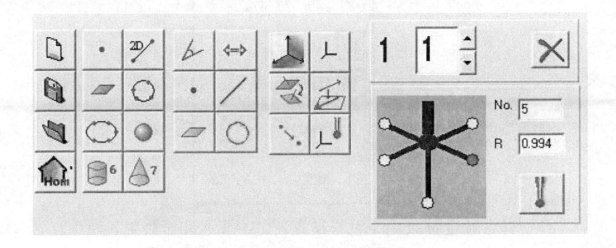

(1)測量狀態和補償快捷鍵介紹

(2)坐標系建立

(3)測量快捷鍵介紹

4. 下拉功能表：提供更加詳細的命令操作。

檔案、基本元素量測、坐標系都能在快捷鍵區找到相對應的快捷

按鈕。

對系統進行設定：包括探頭設定、資料顯示設定、語言設定。

探頭設定：球規補償。

歸零：機台找零點。

座標歸零：把三軸的座標值歸零。

語言設定：可以選擇繁體中文、簡體中文或者英文。

顯示設定：設定資料顯示區內資料顯示的資料。

(二)探頭的選用與補償

1. 選擇探頭

在探頭中，綠色代表沒有補償，黃色代表有補償過。移動滑鼠

到要選的探頭附近，探頭變成藍色，點擊滑鼠左鍵選中後爲紅色，這時就可以用這個探頭進行量測了，同時其右側資訊框會給出該探頭編號和半徑值。

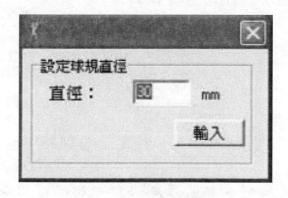

2. 球規量測補償(補償方法一)

步驟一：

選擇探頭，被選中者爲紅色，如果初始爲綠色，則滑鼠任意點擊會跳出標準球直徑輸入對話方塊，如果爲黃色，點右鍵才會進行補償。

步驟二：

輸入球規直徑，點擊"輸入"，進入測量狀態；

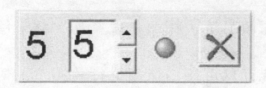

步驟三：

同測量單個元素一樣，按提示碰觸需要點數，要求第一點盡可能和探頭的指向一致，待達到點數自動計算會給出所補償探頭半徑。

No. 5

R 1.200

3. 手動設定補償(補償方法二)

步驟一：先滑鼠左鍵選擇探針。

No. 5

R 1.200

步驟二：在R區輸入半徑，設定當前探頭半徑。

注意：這個方法，只對在整個量測過程中始終使用單一探頭有效。

(三)資料儲存與輸出

本量測系統的保存格式有：

1. 存儲專案，為mf格式，只供本系統使用。

2. dxf格式，為CAD2000 dxf格式。

3. doc格式為word標準格式。

4. xls格式為Excel標準格式。

5. 快速報表格式，格式為QRP標準格式。

存儲操作介紹：

步驟一：需要設定存儲類型，右鍵點擊資料區，跳出選單。

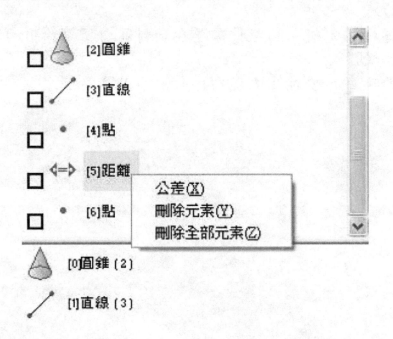

選擇存儲設定，跳出對話框供選擇。

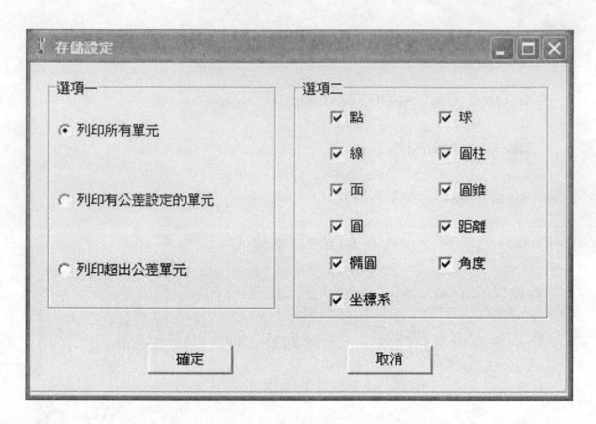

步驟二：選擇確定後，再根據需要在資料區勾擇要輸出的資料，並勾

其要輸出的項目，要輸出表現為打勾，如下。

當前元素編號	參考座標系
14 直線	座標系 0 ▼

	項目名稱	內容	
✓	長度	14.458	
✓	直線度	0.001	
✓	X軸向距離	-7.798	
✓	Y軸向距離	-12.175	
✓	Z軸向距離	-0.015	
✓	起始點 X	-12.298	
✓	起始點 Y	8.226	
✓	法向向量Y	0.528	

- [13]直線
- ☑ [14]直線
- [15]直線
- [16]點
- [17] 座標系 1

步驟三：選擇要輸出的格式。

步驟四：直接列印結果。

(四)工件量測操作步驟

1. 進行原點歸零

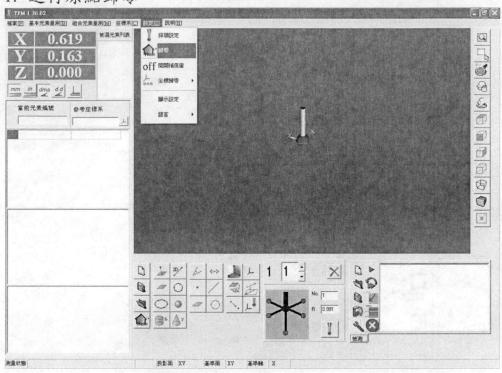

2. 進行探針頭標準球校正，標準球直徑輸入 25.395mm。

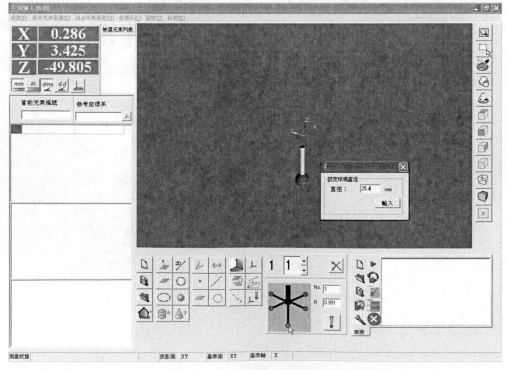

3. 進行座標系設定

點選 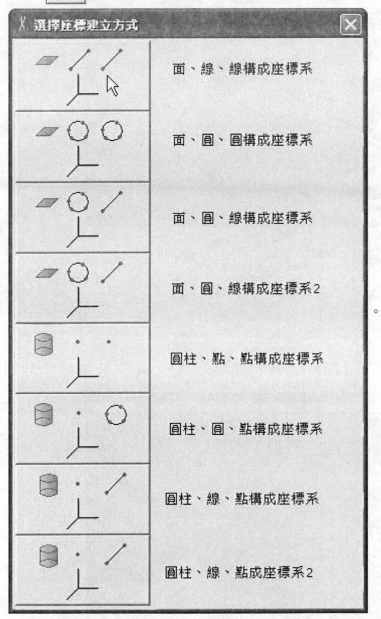 ，選擇面線線構成座標系

面、線、線構成座標系

面、圓、圓構成座標系

面、圓、線構成座標系

面、圓、線構成座標系2

圓柱、點、點構成座標系

圓柱、圓、點構成座標系

圓柱、線、點構成座標系

圓柱、線、點成座標系2

以測試件上緣面為XY基礎面，下側面為X軸向線，左側面為Y軸

向線，限制住三次元空間座標。

點選 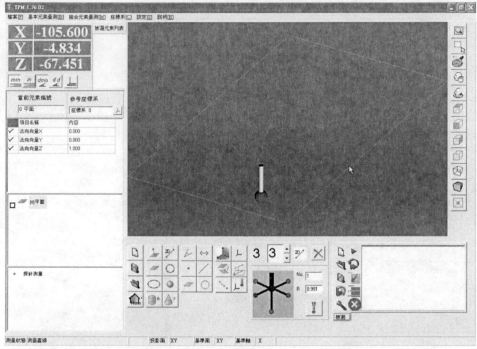 使之變成 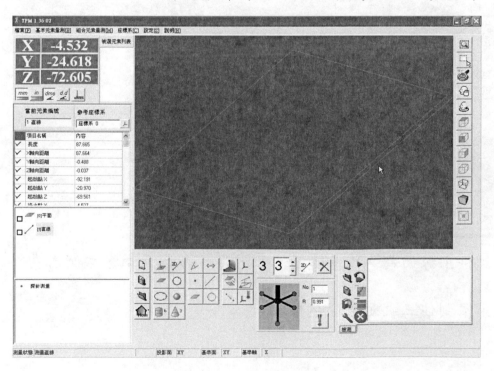 。

先在測試件上緣面用探針觸碰分散的四個點形成一個 XY 平面，如圖

在下側面以左至右分別用探針觸碰三個點形成一個 X 軸向線，如圖

在左側面以後至前分別用探針觸碰三個點形成一條 Y 軸向線，如圖

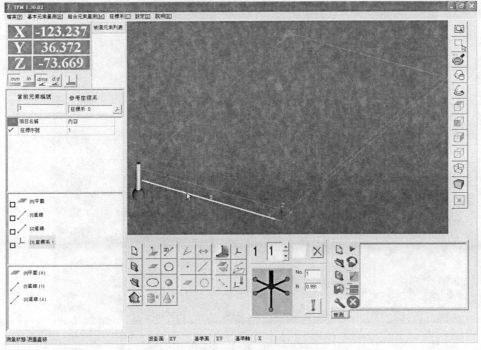

完成空間座標。

4. 建立空間面元素，點選 ⬜ ，平面需求條件 4 4 ⬆⬇ ⬜ ，接

　　著在左側面用探針觸碰分散的四個點形成一個空間面。

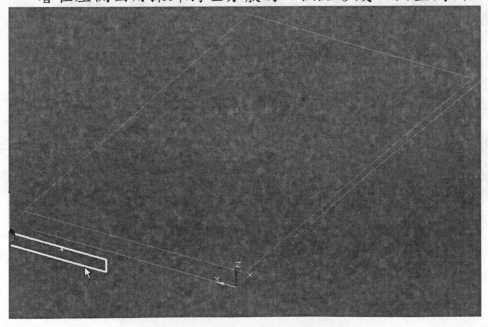

5. 依照上面方式在下側面跟上側面分別形成一個空間面。

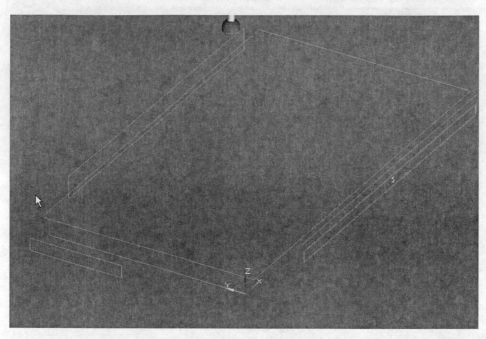

6. 依照上面方式在下側面及左側面交接處之斜面形成一個空間面。

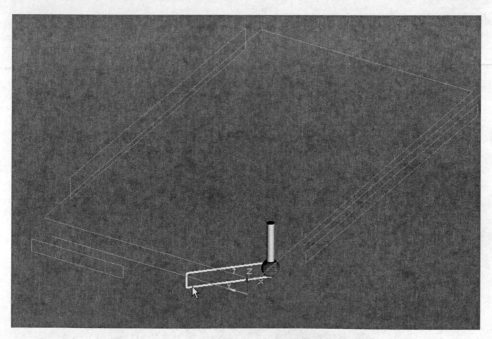

7. 建立空間圓柱元素，點選 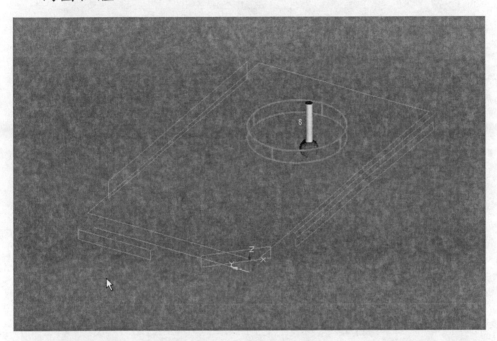⁶，圓柱需求條件 6 6 ⁶，

接著在測試件上大型圓柱體使用探針觸碰六點形成一個空間等

高圓柱體。

8. 依照上面方式在大圓柱旁進行兩個小圓柱的圓柱量測。

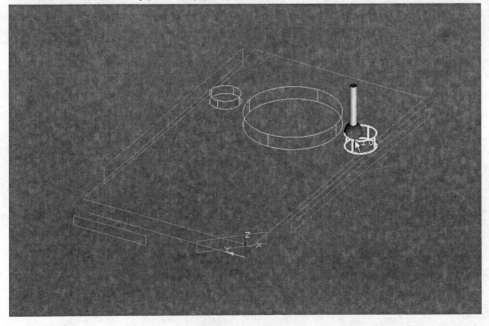

9. 建立空間圓錐體，點選 ![cone icon]，圓錐需求條件 7 7 ⌃⌄ ![cone]，接

著在測試件上圓錐使用探針觸碰七點形成一個空間等高圓錐。

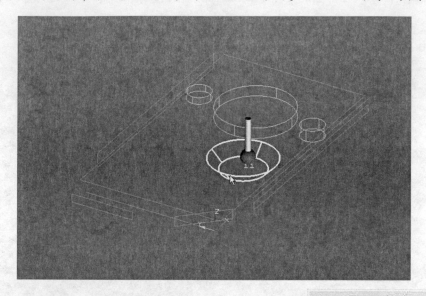

10. 建立空間球體，點選 ![sphere icon]，球體需求條件 5 5 ⌃⌄ ![sphere]，接

著在測試件上凹陷的半球體使用探針觸碰五點形成一個空間球

體。

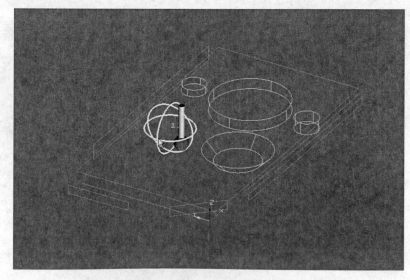

11. 進行空間幾何量測，進行空間元素距離計算，在元素畫面點選上側
面的平面，然後按住鍵盤 Ctrl 再接著點選下側面的平面，

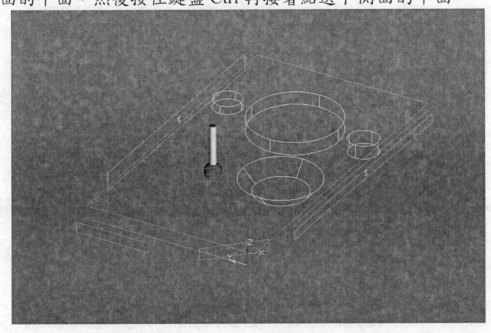

然後點選距離 功能，接著滑鼠游標右鍵點選畫面上的虛線產
生兩平面的距離。

12. 依照上面方式分別進行兩小圓柱跟大圓柱的距離量測，以及三圓柱

跟左側面平面的距離，以及球體圓錐跟左平面的距離。

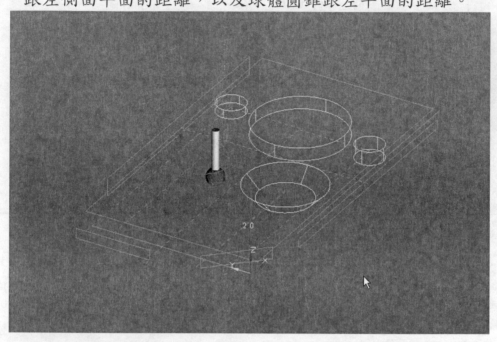

13. 進行空間平面角度計算，點選下側面平面，按住 Ctrl 再接著點選左

下斜面，然後點選角度 ∠ 功能，然後點選畫面上出現的虛線半

圓的大半圓，進行鈍角計算。

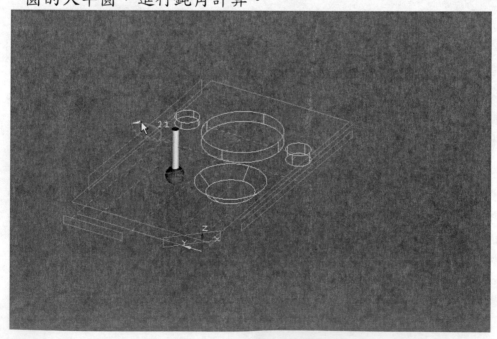

依照上面方式進行下平面及左平面的角度計算。

14. 接著進行數據公差修改，在左側資料中大圓柱 8 元素，點選滑鼠右
鍵選擇公差，依照畫面選擇欄位，進行標準值及上下公差修正。

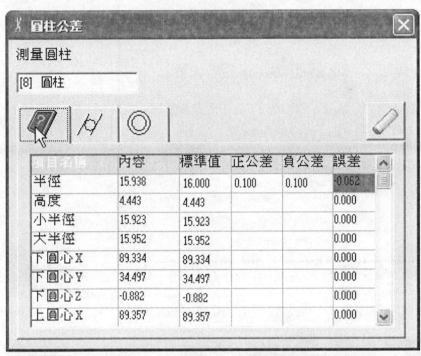

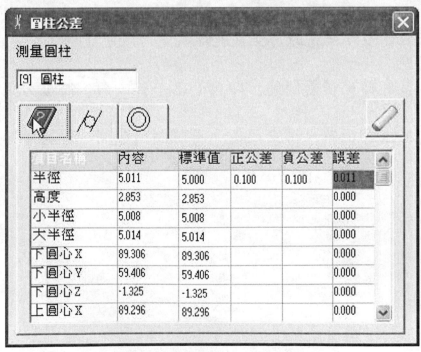

15. 進行球體數據標準值及上下公差修正。

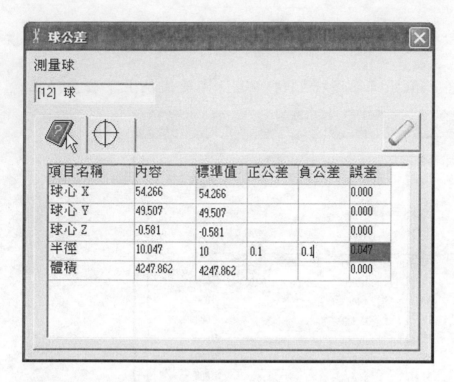

關機程序：

(1)關閉電腦電源。

(2)依序關閉空氣壓縮機電源、空氣乾燥機電源、總電源。

(3)打開壓力筒底部的排氣閥門，即與管路平行方向，將壓力筒內

剩餘氣體和底部的積水排出之後，再將閥門關閉，即與管路垂

直方向。

三次元量測實習報告

班級：_____ 姓名：_____ 學號：_____

組別：_____ 實驗日期：_____年_____月_____日

一、實習結果：

請附上或黏貼電腦列印實習結果的報表紙

二、問題與討論：

1.說明三次元量測儀的基本量測原理？

2.說明三次元量測儀的探頭類別？

3.說明三次元量測儀探頭的校正目的為何？

4.說明三次元量測儀中機械座標與工件座標之意義有何不同？

三、實習心得：

實習單元十一

非接觸式掃描系統實習

一、實習目的：

1. 學習使用雷射掃描儀之前處理軟體 Scan3DNow 程式之操作。

2. 學習使用雷射掃描儀之後處理軟體 DigiSurf 程式之操作。

3. 培養學生擷取曲面資料並繪製平順之曲面圖形。

二、實習儀器：

1. 雷射掃描儀

2. Scan3DNow 程式

3. DigiSurf 程式

掃描工件

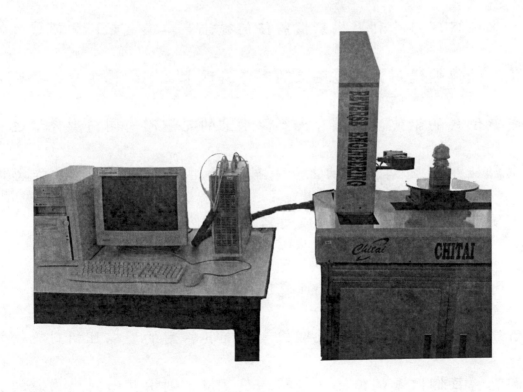

非接觸式掃描系統

三、基本原理：

非接觸 3D 掃描量測原理

1. 數位影像處理：

CCD(Charge Coupled Device)是一種陣列式的光電偶合檢像器，稱為電荷耦合元件，在擷取影像時，有類似傳統相機底片的感光作用。當我們評估掃描器的解析度時，其實就是評價 CCD 的解析能力。

影像處理乃是利用攝影機將任何視訊源轉換成類比的訊號，經過訊號線的傳輸送到插在電腦上的影像處理卡上，影像卡會把類比訊號轉成數位式的訊號，並儲存於影像卡上的記憶體。同時影像卡也會在輸出類比的訊號到監視器上，將攝影機所擷取的影像像素作影像處理，便可以將影像像素轉換成所需要的部份來做三維輪廓影像。

影像數位化之後，我們從電腦上所得到的影像資料乃是由一個一個所謂的像素所組成的，每個像素都有其特定的座標且相對於物體的一個點。每個像素的值，一般稱為灰度值，則由其所對應物體的亮度

來決定，灰度值越大表示其亮度越亮。如果每個像素的灰度值由 8 個位元來表示，亮度的變化即可從 0 變化到 255。

一張經過數位化後的影像其品質的好壞和其解析度有密切的關係，解析度越高影像的品質越好。解析度可分成空間的鑑別率和亮度的鑑別率兩種，空間鑑別率越高表示這一張影像被分割成越多的像素，影像的品質自然越好；亮度鑑別率表示一個像素所能表示亮度變化的範圍。

影像被分割的越細，每個像素所能表示的明暗範圍越大，影像的品質自然越好，但是所付出的代價則是大量的記憶空間和處理時間。

2. 三角量測法定位原理：

三角法基本量測原理是利用雷射光投射一亮點或直線條紋於待測物表面，由於表面起伏及曲度變化，投射條紋依此輪廓位置起伏而扭曲變形，藉由 CCD 相機擷取雷射光束影像，即可由 CCD 內成像位置及雷射光束的角度等，以三角幾何關係判讀出待測點的距離或位置座標等資料。

3. 對映函數法量測原理：

所謂對映函數法，就是找出量測平面的空間座標與 CCD 像平面的影像座標間之關係的方法。基於成像原理，在 CCD 的量測範圍內之空間中的任意一點，皆會對映成像到 CCD 像平面上的一個像素點，若能找出兩者間之明確關係，並能正確補齊空白資料點部份所應對映之數值，則可使用視覺技巧進行量測，即所有成像點於 CCD 相機內某一像素的量測點，均可正確對映至其相關的空間座標值，如此再配合雷射光束掃描技術，即可據以進行物體外型輪廓的掃描量測。

4. 雙鏡頭立體視覺法：

雙鏡頭法指使用一或二個 CCD，經由不同視角取得相同場景，再配合影像處理的技巧，產生量測物體的幾何模型，其影像點座標能轉換至空間座標，透過使用三點共線的原理，經由共線方程式的計算而完成座標轉換的工作。雙鏡頭法目前多使用在遙測上，其優點是可量測範圍非常廣，而缺點在於量測影像資料處理相當複雜，此外其量測精度亦較差。

5. 360 度輪廓量測理論：

　　由於雷射光係以線的型式投射至物體表面來進行待測物 360 度外形輪廓量測，可將待測工件置於旋轉盤之中心，當雷射光線投射至物體表面後，便可經由 CCD 得到光束影像之線資料值，將此資料值經由對映函數法轉換可得到空間平面之資料值此即為待測物在旋轉 θ 角時所量測到之剖面線資料，對映此剖面線之直角座標系的空間座標值。

　　實測時將 θ 角由 0 度至 360 度按等間格逐步旋轉待測物，將所量測到之各角度資料加以組合，便可得到完整之 360 度外形輪廓。

四、實習步驟：

1. 先取下左右攝影機的防塵蓋，並打開雷射控制器電源。

2. 電腦開機。

3. 若欲進行掃描工件，請執行 Scan3DNow 程式：

(1)按「nowstill」使其成為「nowlive」模式。

(2)按「Home」，令掃描器回機械原點。

(3)在「Camera&Laser Control」標籤裡：

　　a.按紅色燈泡「Laser Power On」開始發射雷射。

(請注意：雷射光會傷害眼睛，請勿直視雷射光)

b.使用 Laser 調整滑塊可調整雷射強度：向右推為增強。

c.在 Left Camera 標籤裡可調整左攝影機的 Brightness 亮度、對焦 Contract 使影像清楚呈現在畫面上。

d.在 Right Camera 標籤裡可調整右攝影機的的 Brightness 亮度、對焦 Contract 使影像清楚呈現在畫面上。

(4)在「Table Control」標籤裡設定 Y、Z、T 軸掃描範圍：

a.按綠色「φ」會顯示 Go to the rotational center，令掃描器移至迴轉中心點。

b.調整待掃描工件的位置使雷射光束恰好打在工件中間處。

c.使用 Y-axis 調整滑塊，移動雷射使光束更右於工件右緣，並在 Y Scan Rgn 中按→設定 Y 軸掃描右極限點。

d.移動雷射使光束更左於工件左緣，並按←設定 Y 軸掃描左極限點。

e.使用 Z-axis 調整滑塊，移動雷射使光束低於工件下緣，並在 Z Scan Rgn 中按↓設定 T 軸掃描下極限點。

f.若只掃描工件正面，請選取「Planner Scan」；若選取「Rotation Scan」則在掃描過程中會轉動工件掃描。

g.輸入 Y Scan Rgn 之範圍和增值數值。(若 Rotation Scan 模式，Y Scan Rgn 之範圍輸入 0 度至 360 度，則可轉動工件一整圈並掃描整個工件的表面)

(5)按「SCAN」會出現 Planner(或 Rotation)Scan Parameters 標籤對話框：

a.勾選在 Specify project name 前的□。

b.請保存 project dir 的設定，並輸入 project name 名稱(請以英文及數字命名)。

(6)在 Planner(或 Rotation) Scan Parameters 標籤裡設定 Project file 名稱之後，按黃色閃電鈕 (Scan Now!)開始掃描，若需緊急停止，請按「STOP」。

4. 執行 DigiSurf231 程式，進行後處理：

(1)欲開啟掃描數據檔：FILE/SCANDATA-TST，並選擇要開啟的檔案名稱：

c:\Program Files\scan3Dnow version 3\scandata\project name 名稱

(2)若欲顯示掃描數據之彩色立體圖形：SHOW/SHADING/SCAN

　　DATA，並選擇要開啟的檔案名稱。

(3)欲開啟經曲面計算平順化結果數據檔：FILE/NORMINAL

　　MODEL，並選擇要開啟的檔案名稱。

(4)欲顯示彩色立體曲面圖形：SHOW/SHADING/SURFSMODEL

　　，並選擇要開啟的檔案名稱。

5. 為要列印掃描數據的圖形，建議開啟 windows 的小畫家程式，先

　　在 DigiSurf231 程式視窗中按鍵盤右上「prtscr」鍵將掃描數據的

　　圖形複製 windows 的剪貼簿中，功能到 windows 的小畫家，再利

　　用小畫家的列印功能印出圖形。

6. 電腦關機，關閉雷射控制器電源。

非接觸式掃描系統實習報告

班級：_____ 姓名：_____ 學號：_____

組別：_____ 實驗日期：_____年_____月_____日

一、實習結果：

請附上或黏貼電腦列印實習結果的報表紙

二、問題與討論：

1.試比較使用輪廓儀和雷射掃描儀之優缺點：

設備/優缺點	擷取工件外形方法	記錄/儲存方式	作業時間	後續應用
輪廓儀				
雷射掃描儀				

2.假設要掃描一個洋娃娃工件，請簡述如何設定掃描範圍：

(1)只掃描洋娃娃的正面

(2)掃描整個洋娃娃的表面

3.請繪出本實習使用之非接觸式掃描系統設備方塊圖和系統操作流程圖？

三、實習心得：

_____

_____

_____

_____

_____

_____

_____

_____

實習單元十二

光學影像量測系統實習

一、實習目的：

1. 學習光學影像量測原理，熟悉 2D 光學影像量測儀操作程序。

2. 學習公差分析，進行有效的品管檢驗。

3. 學習對工件進行幾何基本運算。

二、實習儀器：

1. 2D 光學影像量測儀(解析度 0.001mm)

2. 玻璃校正片

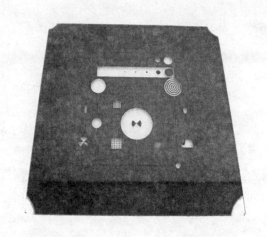

玻璃校正片

2D 光學影像量測儀

三、基本原理：

1. 依量測工作需求選用合適的光源(背光或表面光)並以高精度的 CCD 光學感應晶片擷取待測物清晰精確的影像。

2. 配合 OVM250 功能完備之幾何量測軟體，可直接由螢幕觀察，亦可直接量測。

3. 量測時可使用影像自動尋邊、去毛邊、SPC 等功能輔助，使量測工作更為快速準確。

四、實習步驟：

1. 開啟電源總開關、螢幕電源、燈光(由下向上)並微調亮度。

2. 扭開下箱蓋，並開啟電腦主機電源。

3. 執行 OVM 程式。

4. 選單：校正處理\機台設定\XY 軸歸 HOME

(1)按下「按下確定後，將平台移動至最左端，再往最右端移動」對話框的「確定」鈕。然後轉動 X 軸方向(左右方向)光學尺微調器，讓平台向左移動些許再向右移動超過中間線，出現「X 軸原點定位完成」對話框，按「確定」鈕。

(2)按下「按下確定後，將平台移動至最前端，再往最後端移動」

對話框的「確定」鈕。然後轉動 Y 軸方向(前後方向)光學尺微調

器，先讓平台向前移動些許再向後移動超過中間線，出現「Y 軸

原點定位完成」對話框，按「確定」鈕。

5. 選單：校正處理\機台設定\Z 軸歸 HOME

(1)按下「按下確定後，將平台移動至最上端，再往最下端移動」

對話框的「確定」鈕。然後轉動 Z 軸方向(上下方向)光學尺微調

器，稍讓鏡頭上移些許再向下移動超過中間線，出現「Z 軸原點

定位完成」對話框， 按「確定」鈕。

6. 以滑鼠點選「對焦顯示器」，選擇「METHOD 4」，鉤選「啟動」。

7. 嘗試轉動 Z 軸方向(上下方向)光學尺微調器使指示器對準「+」符

號，即為最佳焦距。

8. 以滑鼠點選「檢測」，即可開始量測。

9. 以量測三點圓為例：

(1) 以滑鼠點選指令區第一行第四列的「三點圓」功能。

(2) 以滑鼠左鍵在右上角的「影像區」欲量測的圓周上點選三個

點，點中後會出現紅色「+」記號。

(3) 是滑鼠右鍵後，即會在右下角的「繪圖區」以最適當的比例

繪出這個圓，並在繪圖區上方顯示(1)圓和其直徑數據。

10. 重覆步驟9.直到完成所有同心圓的量測工作。

11. 使用選單指令儲存量測數據：

選單：檔案\輸出 Excel

12. 若欲列印量測結果，請使用選單指令：

選單：檔案\輸出 Excel

即可在 Excel 中的版面列印報表。

13. 關機程序：關閉 OVM 程式，並關閉所有執行的程式。

14. 關閉燈光及電源總開關。

五、工件量測操作步驟

1. 進行原點歸零

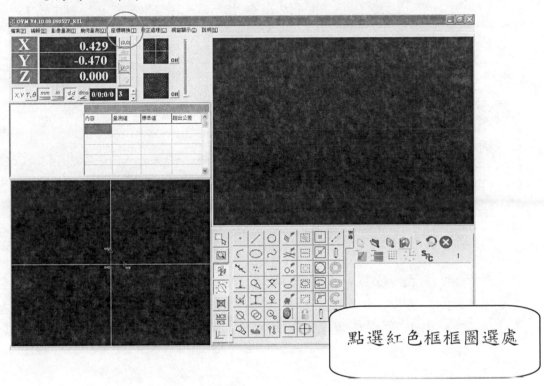

點選紅色框框圈選處

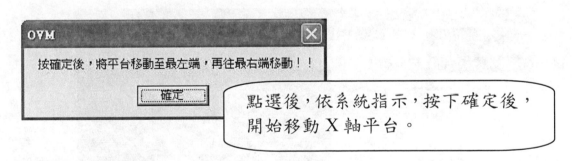

點選後,依系統指示,按下確定後,
開始移動 X 軸平台。

當系統找到 X 軸原點時,則跳出此
視窗,按下確定。

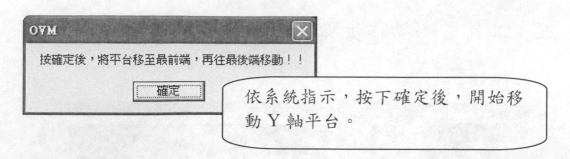

依系統指示，按下確定後，開始移動 Y 軸平台。

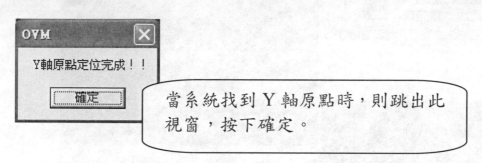

當系統找到 Y 軸原點時，則跳出此視窗，按下確定。

2. 依待測件大小選擇適當之鏡頭倍率

3. 在標準片上選擇一個適當的圓(1.00 mm)

4. 精確度校正

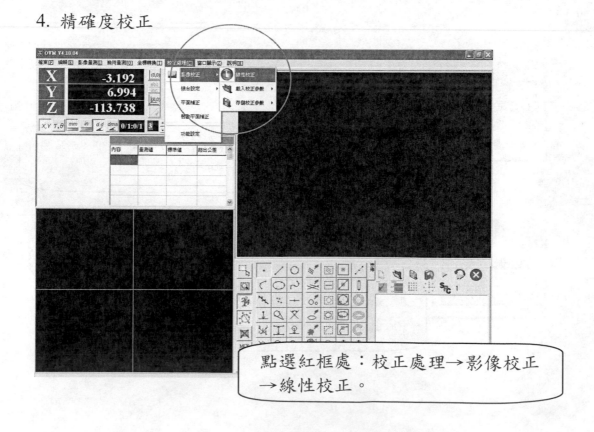

點選紅框處：校正處理→影像校正→線性校正。

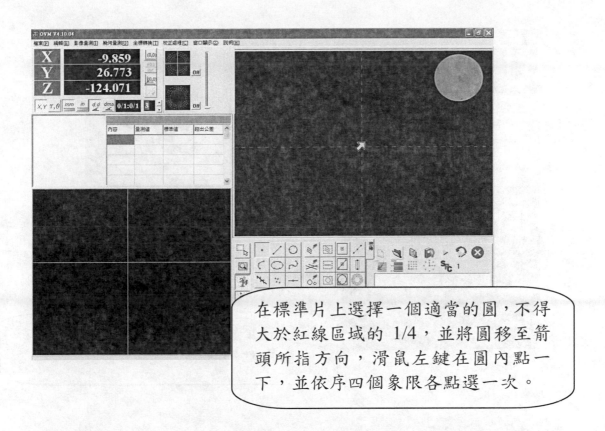

在標準片上選擇一個適當的圓，不得大於紅線區域的 1/4，並將圓移至箭頭所指方向，滑鼠左鍵在圓內點一下，並依序四個象限各點選一次。

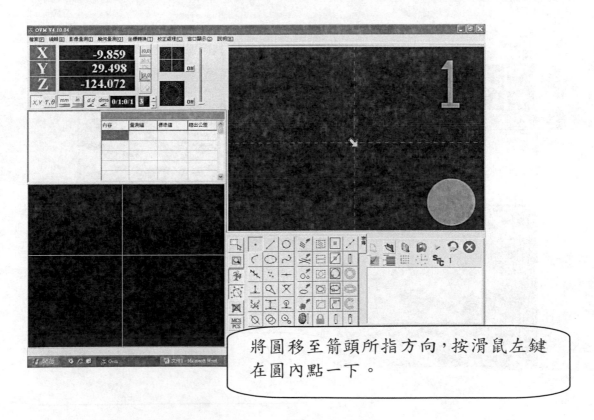

將圓移至箭頭所指方向，按滑鼠左鍵在圓內點一下。

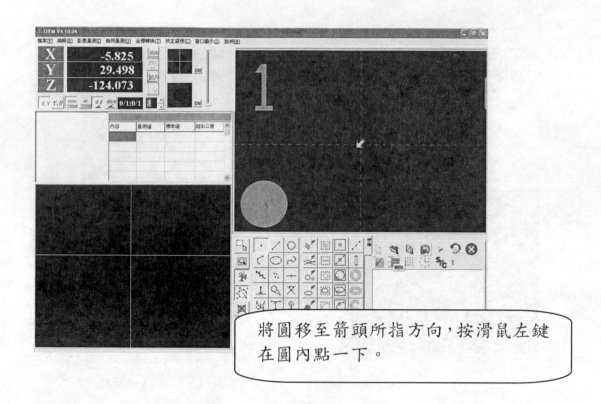

將圓移至箭頭所指方向，按滑鼠左鍵
在圓內點一下。

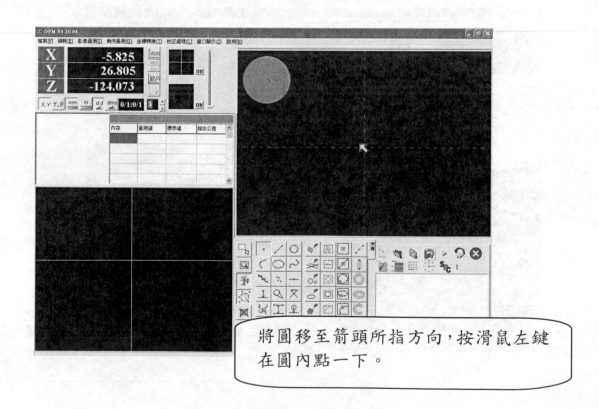

將圓移至箭頭所指方向，按滑鼠左鍵
在圓內點一下。

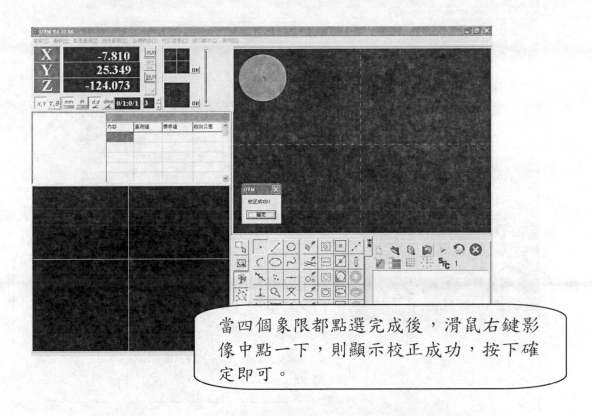

當四個象限都點選完成後，滑鼠右鍵影像中點一下，則顯示校正成功，按下確定即可。

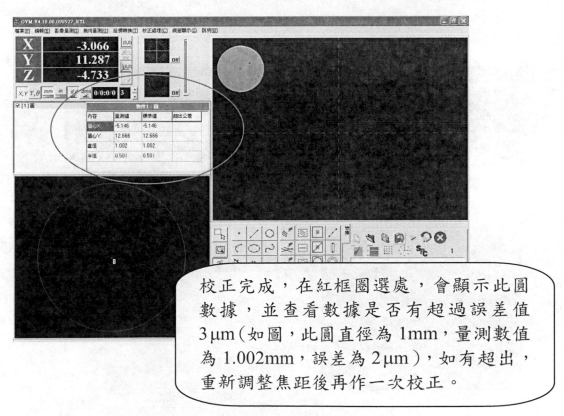

校正完成，在紅框圈選處，會顯示此圓數據，並查看數據是否有超過誤差值 3μm（如圖，此圓直徑為 1mm，量測數值為 1.002mm，誤差為 2μm），如有超出，重新調整焦距後再作一次校正。

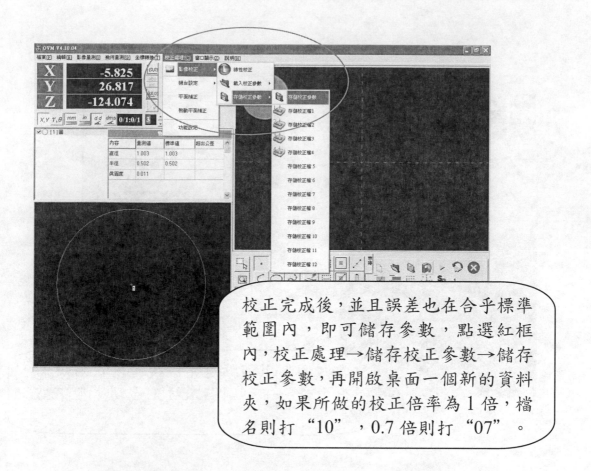

校正完成後，並且誤差也在合乎標準
範圍內，即可儲存參數，點選紅框
內，校正處理→儲存校正參數→儲存
校正參數，再開啟桌面一個新的資料
夾，如果所做的校正倍率為1倍，檔
名則打"10"，0.7倍則打"07"。

5. 點、線、圓量測

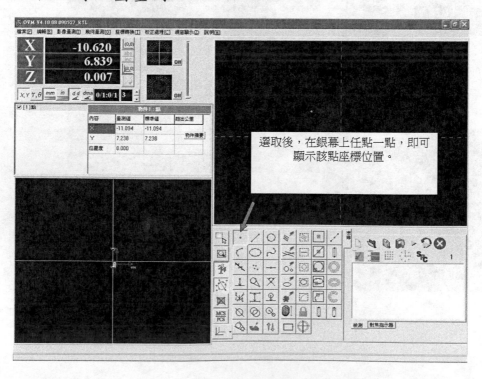

選取後，在銀幕上任點一點，即可
顯示該點座標位置。

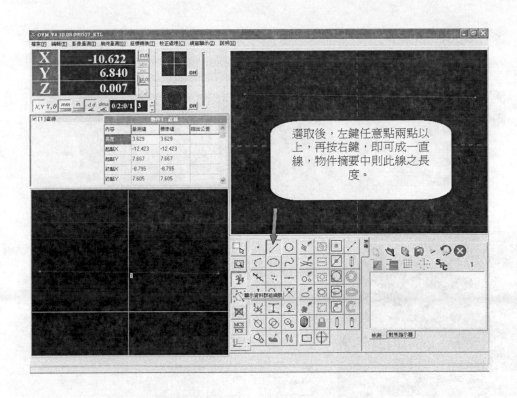

選取後，左鍵任意點兩點以上，再按右鍵，即可成一直線，物件摘要中則此線之長度。

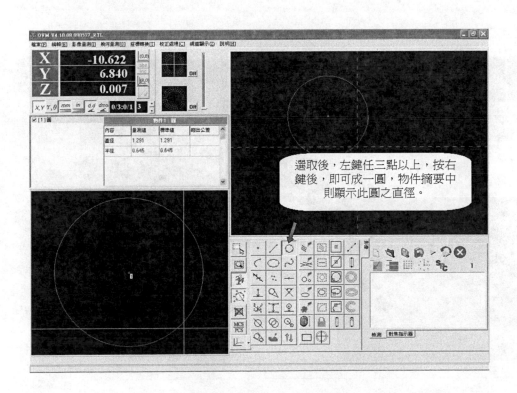

選取後，左鍵任三點以上，按右鍵後，即可成一圓，物件摘要中則顯示此圓之直徑。

6. 點、線距離量測

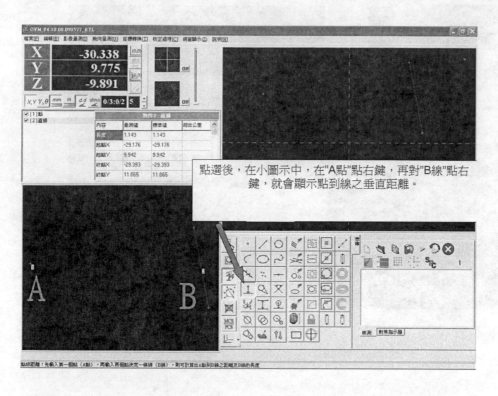

點選後，在小圖示中，在"A點"點右鍵，再對"B線"點右鍵，就會顯示點到線之垂直距離。

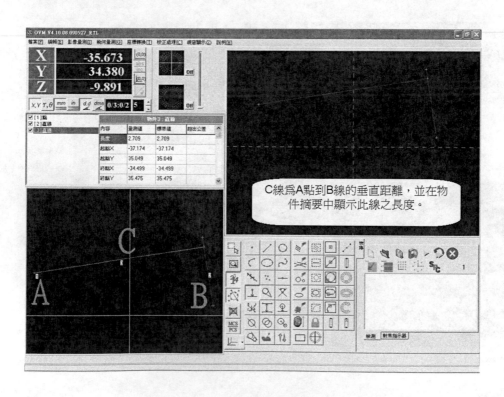

C線為A點到B線的垂直距離，並在物件摘要中顯示此線之長度。

7. 角度、兩線交點量測

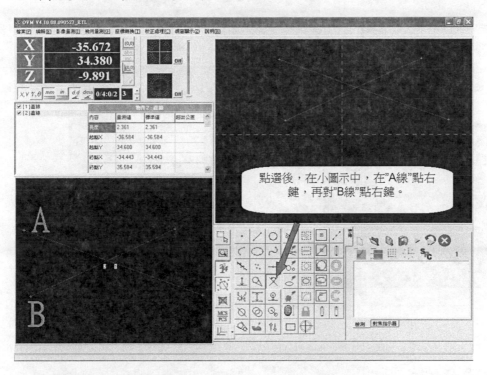

點選後，在小圖示中，在"A線"點右鍵，再對"B線"點右鍵。

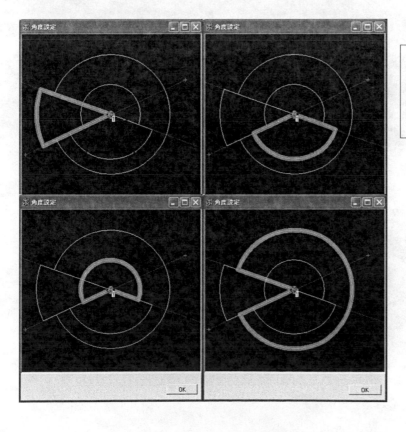

＊點右鍵後，會顯示各種夾角與補角，挑選一個所需要量測的角度後按下OK即可。

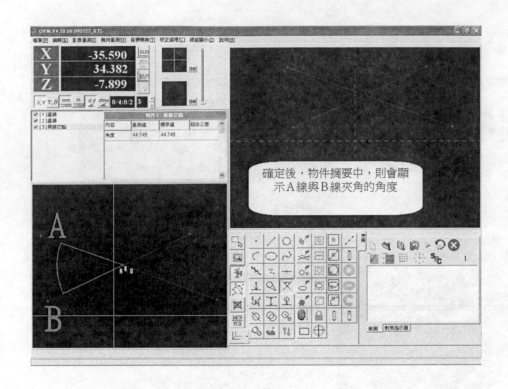

確定後，物件摘要中，則會顯示A線與B線夾角的角度

8. 角平分線量測

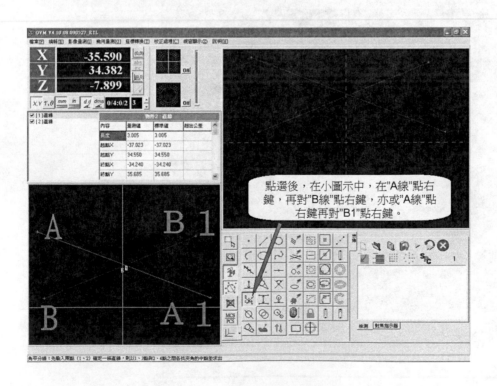

點選後，在小圖示中，在"A線"點右鍵，再對"B線"點右鍵，亦或"A線"點右鍵再對"B1"點右鍵。

角平分線：先輸入兩點（1、2）確定一條直線，則以1、2點與3、4點之間各找夾角的中點來求出

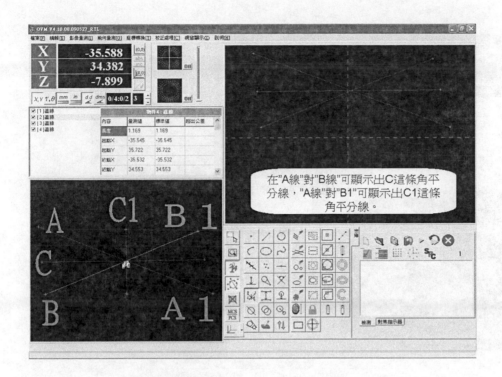

9. 兩線平均距離量測

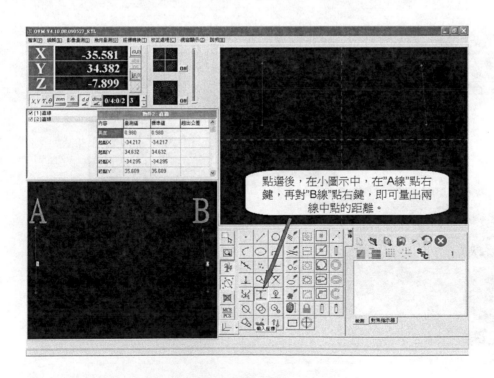

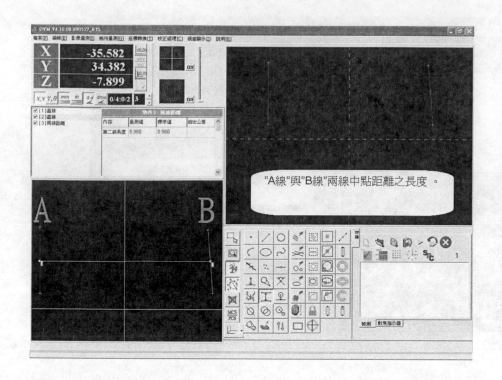

"A線"與"B線"兩線中點距離之長度。

10. 圓、線距離量測

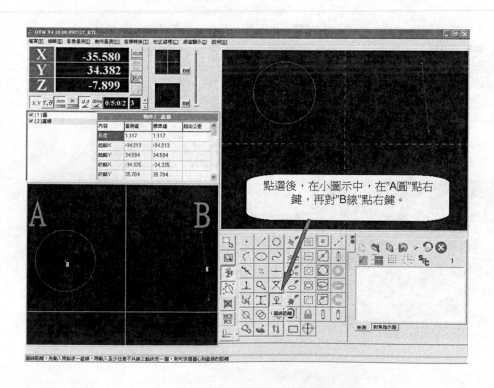

點選後，在小圖示中，在"A圓"點右鍵，再對"B線"點右鍵。

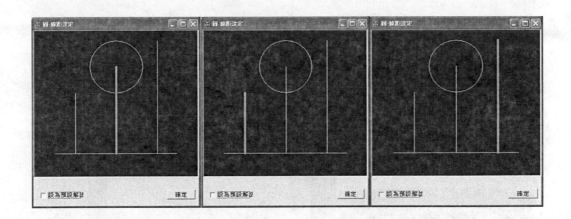

＊點右鍵後，會顯示三種距離，圓心到線和圓到線的最大和最小垂直
距離，挑選所需要量測的距離，按下確定。

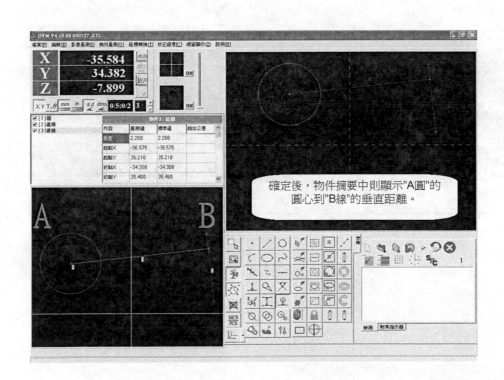

確定後，物件摘要中則顯示"A圓"的
圓心到"B線"的垂直距離。

11. 圓、圓距離量測

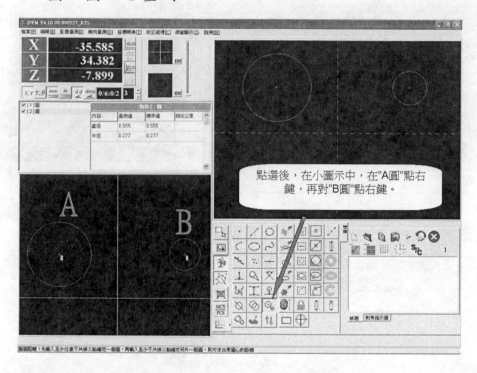

點選後，在小圖示中，在"A圓"點右鍵，再對"B圓"點右鍵。

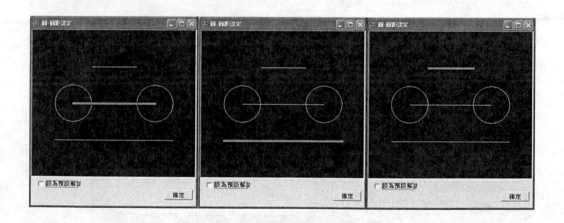

＊點右鍵後，會顯示三種距離，圓心到圓心和圓到圓的最大和最小距離，挑選所需要量測的距離，按下確定。

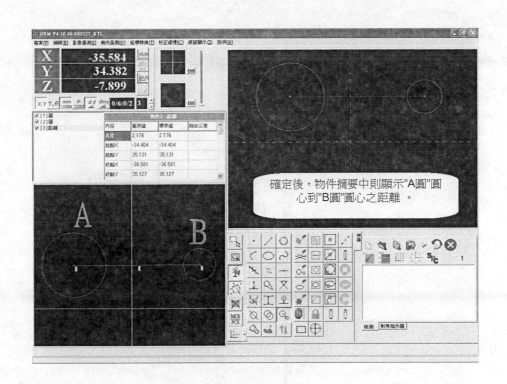

確定後，物件摘要中則顯示"A圓"圓心到"B圓"圓心之距離。

六、資料存儲存與輸出

1. 輸出格式

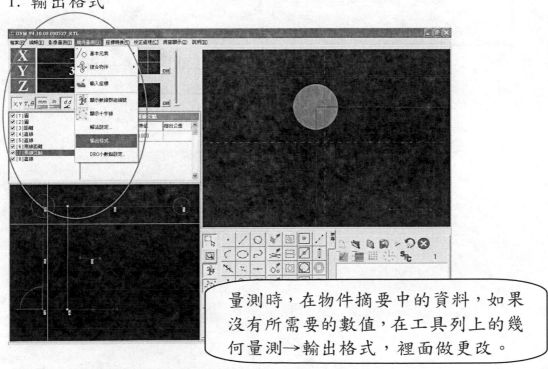

量測時，在物件摘要中的資料，如果沒有所需要的數值，在工具列上的幾何量測→輸出格式，裡面做更改。

如上圖中，可點選所要的輸出資料。

2. word 輸出

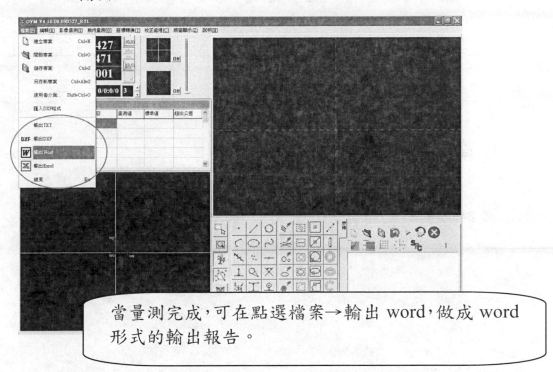

當量測完成，可在點選檔案→輸出 word，做成 word 形式的輸出報告。

3. excel 輸出

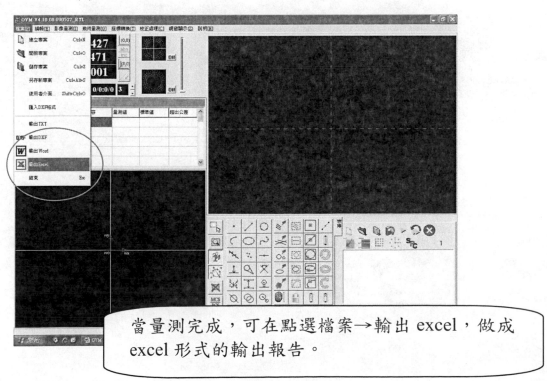

當量測完成，可在點選檔案→輸出 excel，做成 excel 形式的輸出報告。

光學影像量測系統實習報告

班級：_____　姓名：_____　學號：_____

組別：_____　實驗日期：_____年_____月_____日

一、實習結果：

請附上或黏貼電腦列印實習結果的報表紙

二、問題與討論：

1.請列出用 OVM250 量測一個圓的所有方法？

2.請敘述使用 OVM250 的自動尋邊功能和去毛邊的方法及使用心得？

3.試比較使用傳統的投影機和光學影像量測儀之優缺點：

設備/優缺點	量測工件方法	記錄/儲存方式	作業時間	後續應用
投影機				
影像量測儀				

三、實習心得：

_____

_____

_____

_____

_____

_____

_____

_____

_____

實習單元十三

游標卡尺校正實習

一、實習目的：

1. 學習游標卡尺外觀的檢查。

2. 學習游標卡尺總合精度的校正。

3. 學習使用卡尺校正器對游標卡尺作校正。

二、實習儀器：

1. 卡尺校正器(0~300mm)

2. 游標卡尺(0~300mm；解析度 0.05mm)

3. 游標卡尺(0~300mm；解析度 0.02mm)

4. 電子式游標卡尺(0~300mm；解析度 0.01mm)

5. 花崗石平台(896mm×594mm)

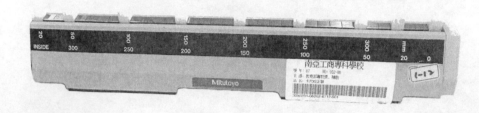

卡尺校正器

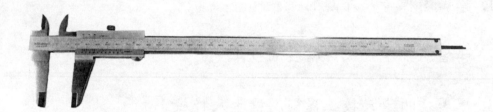

游標卡尺

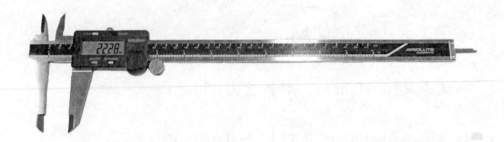

電子式游標卡尺

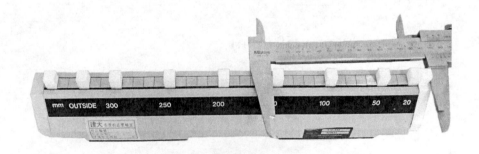

游標卡尺外側校正

三、基本原理：

1. 游標卡尺外觀檢查

   在使用前或定期的檢查工作，首先應檢視游標卡尺的內外測爪、測深桿、刻劃線是否有傷痕和變形等不良現象；其次觀察游尺滑動是否順暢，本尺和游尺刻度是否能歸零，測爪閉合後檢視縫隙是否均勻平齊。

2. 游標卡尺總合精度校正

   游標卡尺的使用率非常高，內外測爪的量測面可能磨耗，而失去準確性，故必須定期校正精度，校正工作應在溫度20℃及濕度45%以下來監控進行，否則會產生誤差。

   (1)外側測爪精度校正

   將游標卡尺外側測爪兩量測面夾於卡尺校正器之間格，然後判讀游標卡尺尺寸，其值是否與卡尺校正器尺寸相同，如有差異就表示外側測爪總合精度有器差，由此器差與規範CNS4175表比較可得游標卡尺所屬等級；通常校正時將本尺全長分成5~7等份來檢驗，以判別其各段誤差及累積誤差之範圍。

(2)內側測爪精度校正

　　將游標卡尺內側測爪兩量測面頂住卡尺校正器之間格，然後判讀游 標卡尺尺寸，其結果與外側測爪之判別方法相同。

四、實習步驟：

(一)游標卡尺之外側量測值校正

1. 戴上手套，以隔絕身體溫度對儀器或標準件之影響，降低不確定度。

2. 使用純度較高(99.5%以上)之無水酒精並配合無塵紙加以擦拭各校正儀器與待校件之各部位，尤其是游標卡尺測爪和卡尺校正器的各量測砧面。

3. 檢查待校件本尺與游尺之零刻度是否對齊，否則需先作調整及歸零動作。

4. 本實驗採取 0~300mm 游標卡尺校正點數為：20、50、100、150、200、250、300mm。將待校件外側測爪直接夾住卡尺校正器之兩端量測砧面，並輕輕微調游標卡尺使接觸面彼此間能密合接觸，且保持平行。

5. 將標準件之校正值與待校件之讀取分別記錄在記錄表上。每個校正點至少應量取 3 次數據作平均。

6. 讀值如有異樣偏差，則需重新檢視歸零是否正確或是砧面狀況。如無異樣產生，則重覆步驟 4、5 並進行下一個校正點之校正，直至所有校正點均校正完畢為止。

(二)游標卡尺之內側量測值校正

7. 待校件內側測爪之校正步驟同外側量測步驟 4 至 6。

8. 游標卡尺之讀值尺寸減去卡尺校正器尺寸即為器差，並記錄於記錄表上。

　器差＝量測值－卡尺校正器或塊規之校正值

9. 對所有校正儀具作清潔及保養工作，使用清潔液和無塵紙將卡尺校正器和游標卡尺加以擦拭乾淨，並放回規定之位置。

游標卡尺器差等級判定表

最小讀數	0.05mm		0.02mm	
等　　級	1級	2級	1級	2級
100mm以下	±0.05	±0.10	±0.02	±0.04
100至200以下	±0.05	±0.10	±0.03	±0.06
200至300以下	±0.05	±0.10	±0.03	±0.06
300至400以下	±0.08	±0.15	±0.04	±0.08
400至500以下	±0.10	±0.15	±0.04	±0.08
500至600以下	±0.10	±0.15	±0.05	±0.10
600至700以下	±0.12	±0.18	±0.05	±0.10
700至800以下	±0.12	±0.18	±0.06	±0.12
800至900以下	±0.15	±0.20	±0.06	±0.12
900至1000以下	±0.15	±0.20	±0.07	±0.14

（量測範圍）

單位：*mm*

游標卡尺校正實習報告

班級：_____ 姓名：_____ 學號：_____

組別：_____ 實驗日期：_____年_____月_____日

一、實習結果：

儀器名稱	游標卡尺	解析度	
量測範圍		環境溫度	

外側量測值：

標稱值(mm)	量測值、器差(mm)						三次量測平均器差
	第一次量測		第二次量測		第三次量測		
	量測值	器差	量測值	器差	量測值	器差	
20.00							
50.00							
100.00							
150.00							
200.00							
250.00							
300.00							
游標卡尺等級	□ 1 級		□ 2 級				

內側量測值：

標稱值 (mm)	量測值、器差(mm)						三次量測 平均器差
	第一次量測		第二次量測		第三次量測		
	量測值	器差	量測值	器差	量測值	器差	
20.00							
50.00							
100.00							
150.00							
200.00							
250.00							
300.00							
游標卡尺等級	□ 1 級			□ 2 級			

器差＝量測值－卡尺校正器或塊規之校正值

儀器名稱	電子式游標卡尺	解析度	
量測範圍		環境溫度	

外側量測值：

標稱值 (mm)	量測值、器差(mm)						三次量測 平均器差
	第一次量測		第二次量測		第三次量測		
	量測值	器差	量測值	器差	量測值	器差	
20.00							
50.00							
100.00							
150.00							
200.00							
250.00							
300.00							
游標卡尺等級	□ 1 級			□ 2 級			

內側量測值：

標稱值 (mm)	量測值、器差(mm)						
	第一次量測		第二次量測		第三次量測		三次量測平均器差
	量測值	器差	量測值	器差	量測值	器差	
20.00							
50.00							
100.00							
150.00							
200.00							
250.00							
300.00							
游標卡尺等級	□ 1 級		□ 2 級				

二、問題與討論：

1.為什麼進行長度校正時需要在有溫度控制的實驗室裡面操作？可以將校正設備帶到戶外校正量具嗎？

2.如果您再重做一次(同一個人使用同一個標準器，校正量具的同一個點)，您有把握每次都可得到相同的量測值嗎？為什麼？

3.如何確定您記錄的量測值是適當的？會不會有太大或太小的可能性？

4.請列舉造成上題中量測值太大或太小可能的原因並說明因應之道？

三、實習心得：

實習單元十四

外分厘卡校正實習

一、實習目的：

1. 學習外分厘卡外觀的檢查。

2. 學習外分厘卡精度的校正。

3. 學習使用標準塊規對外分厘卡作校正。

二、實習儀器：

1. 分厘卡固定座

2. 標準塊規(5、10、15、20、20、25、25、30、40、50mm；10塊)

3. 外分厘卡(0~25mm，25~50mm；解析度 0.01mm)

4. 電子式外分厘卡(0~25mm，25~50mm；解析度 0.001mm)

5. 花崗石平台(896mm×594mm)

外分厘卡

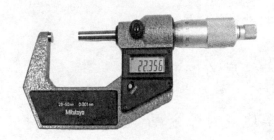

電子式外分厘卡

分厘卡固定座

外分厘卡校正

三、基本原理：

1. 外分厘卡外觀檢查

   在使用前應檢視測砧面及其它金屬部位是否有生銹，刻劃是否有傷痕和變形等不良現象；外分厘卡主軸旋轉時是否平順，固定鎖的放鬆和鎖緊動作是否確實，棘輪停止器的動作是否均勻並有正常的聲響；外套筒刻度是否能歸零，螺紋的配合是否有間隙而造成搖晃現象。

2. 外分厘卡精度校正

   外分厘卡的使用率非常高，測砧面可能磨耗，而失去準確性，故必須定期校正精度，校正工作應在溫度20℃及濕度45%以下來監控進行，否則會產生誤差。利用分厘卡固定座夾住外分厘卡，然後使用塊規置於固定測砧面與活動測砧面之間，判讀外分厘卡尺寸是否與塊規尺寸相同，如有差異就表示外分厘卡精度有器差，由此器差與CNS-4174規範比較可得外分厘卡所屬等級；通常校正時將塊規長度由5mm開始量測每增加5mm檢驗一次，以判別外分厘卡器差及累積器差之範圍。

四、實習步驟：

1. 戴上手套，以隔絕身體溫度對儀器或標準件之影響，降低不確定度。

2. 使用純度較高(99.5%以上)之無水酒精並配合無塵紙擦拭各校正儀器與待校件之各部位(尤其是外分厘卡之量測砧面)。

3. 將待校件夾持於分厘卡固定座上鎖定。

4. 歸零調整(reset)或基準值設定(preset)。

5. 本實驗採取 0~25mm 與 25~50mm 量測範圍之外分厘卡和電子式外分厘卡作校正，校正點數為：5、10、15、20、25、30、35、40、45、50mm。

6. 旋轉棘輪分離兩量測砧面至比校正尺寸稍大，將標準塊規置於兩砧面之間，轉動棘輪使兩砧面夾住標準塊規，直到棘輪發出三響聲為止。

7. 記錄待校件之讀值於記錄表上，每個校正點應量取三次數據作平均。

8. 外分厘卡之讀值尺寸減去標準塊規尺寸即為器差，將結果記錄於記錄表上。

器差＝量測值－塊規之校正值

9. 將所有校正儀具作清潔和保養，塊規和外分厘卡以塊規清潔液和無塵紙加以擦拭乾淨，並放回規定之位置。

外分厘卡器差等級判定表

最大量測長度 mm		25	50	75	100	125	150	175	200	225	250
等級	1級	±2	±2	±2	±3	±3	±3	±4	±4	±4	±5
	2級	±4	±4	±5	±5	±6	±6	±7	±7	±8	±8

單位：μm

最大量測長度 mm		275	300	325	350	375	400	425	450	475	500
等級	1級	±5	±5	±6	±6	±6	±7	±7	±7	±8	±8
	2級	±9	±9	±10	±10	±11	±11	±12	±12	±13	±13

單位：μm

外分厘卡校正實習報告

班級：_____ 姓名：_____ 學號：_____

組別：_____ 實驗日期：_____年_____月_____日

一、實習結果：

儀器名稱	外分厘卡	解析度	
量測範圍	0~25mm	環境溫度	

量測結果：

標稱值 (mm)	量測值、器差(mm)						三次量測平均器差
	第一次量測		第二次量測		第三次量測		
	量測值	器差	量測值	器差	量測值	器差	
5.00							
10.00							
15.00							
20.00							
25.00							
外分厘卡等級	☐ 1 級		☐ 2 級				

器差＝量測值－塊規之校正值

儀器名稱	外分厘卡	解析度	
量測範圍	25~50mm	環境溫度	

量測結果：

標稱值 (mm)	量測值、器差(mm)						三次量測平均器差
	第一次量測		第二次量測		第三次量測		
	量測值	器差	量測值	器差	量測值	器差	
30.00							
35.00							
40.00							
45.00							
50.00							
外分厘卡等級	☐ 1 級			☐ 2 級			

儀器名稱	電子式外分厘卡	解析度	
量測範圍	0~25mm	環境溫度	

量測結果：

標稱值 (mm)	量測值、器差(mm)						三次量測平均器差
	第一次量測		第二次量測		第三次量測		
	量測值	器差	量測值	器差	量測值	器差	
5.00							
10.00							
15.00							
20.00							
25.00							
外分厘卡等級	□ 1 級		□ 2 級				

儀器名稱	電子式外分厘卡	解析度	
量測範圍	25~50mm	環境溫度	

量測結果：

標稱值 (mm)	量測值、器差(mm)						三次量測平均器差
	第一次量測		第二次量測		第三次量測		
	量測值	器差	量測值	器差	量測值	器差	
30.00							
35.00							
40.00							
45.00							
50.00							
外分厘卡等級	□ 1 級		□ 2 級				

二、問題與討論：

1.為什麼校正過程中需要戴手套？

2.請依據您校正的數據畫出器差的分佈圖形？

(請在圖中標示出最大值、最小值和平均值)

3.數據會說話，如果上題器差的分佈出現下列情況時，請討論其可能的原因，並判斷是否接受此數據？

器差分佈情形	可能的原因	是否接受此數據
連續三個點，增或減一個解析度		□接受 □不接受
左半邊皆低於平均值，右半邊皆高於平均值		□接受 □不接受
呈現隨機變化(即無法從上一個點預測下一個點)		□接受 □不接受

4.如果上題的校正結果出現器差超過兩個解析度以上，該如何處置？為什麼？

三、實習心得：

實習單元十五

真平度量測實習

一、實習目的：

1. 學習電子水平儀的原理與使用方法。

2. 學習利用電子水平儀檢驗真平度。

二、實習儀器：

1. 電子水平儀

2. 花崗石平台(1200mm×900mm)

3. 真平度量測軟體

電子水平儀

電子水平儀量測系統

三、基本原理：

1. 電子水平儀功能介紹：在面板上有一個液晶顯示幕和兩個旋鈕。

   (1)功能旋鈕(右側)

   有四段功能分別為：

   "O" 電源開關

   "B" 電源電壓顯示值低於850時應更換電池

   "I" I檔量測位置精度為0.01mm/m，相當於2″

   "II" II檔量測位置精度為0.005mm/m，相當於1″

   (2)歸零旋鈕(左側)

   歸零旋鈕，順時針旋轉時，顯示幕的數字將向正的方向變

   化：當逆時針旋轉時，顯示幕的數字將向負的方向變化。

   (3)液晶顯示幕讀值

   若在數字左端有一短橫線出現，則表示右端較高；若無，則

   表示左端較高，如圖所示為電子水平儀讀值的說明圖。當顯

   示幕出現 "1" 或 "–1" 時表示傾斜角度已超出顯示範圍，

   在放大器上亦可同步觀察到水平儀之讀值。

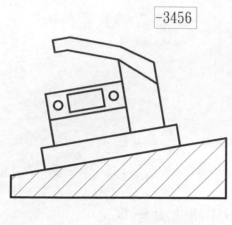 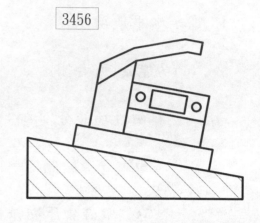

出現"－"表示右側較高　　　　未出現"－"表示左側較高

電子水平儀讀值示意圖

(4)電子水平儀絕對零位調整

　　將電子水平儀放在待測平面上，記下第一次量測的顯示值為

a_1，然後在原位置將電子水平儀調轉180°，再記下第二次量

測的顯示值為a_2，則電子水平儀的零位誤差為$(a_1+a_2)/2$；根

據計算結果，調整歸零旋鈕，直至兩次量測的顯示值，數值

相同但正負符號相反，此時表示，電子水平儀零位誤差為0。

2. 真平度定義：

使用兩平行平面來包夾待測面，當兩平行平面 P_u 和 P_l 之間隔為最

小時，此間隔稱為該待測面之真平度，P_m 為其平均平面。

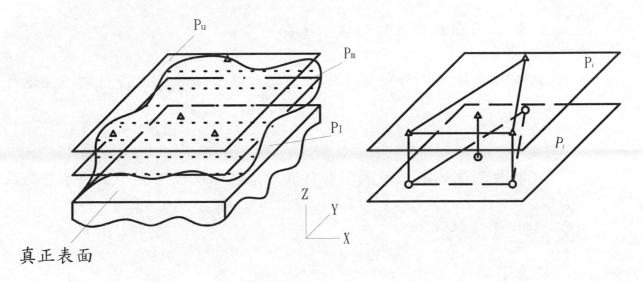

最小區間法評估真平度

3. 平面插值計算技術：

從輸入平面上取數個樣點的坐標值和斜率值，使用電腦輔助平面插

值計算產生通過這些取樣點的平滑曲面密集點集坐標，並顯示此平

滑曲面圖形的技術。

四、實習步驟：

1. 離平台邊 3~5cm 開始劃若干正方型格子(150mm × 150mm)。

2. 將電子水平儀和電腦連線，並置於平台上，打開開關。

3. 進入真平度量測軟體程式，先測試及校正水平與螢幕顯示之 A/D FACTOR 是否相符。

4. 選擇 On Line Measurement(線上量測) 開始進行量測。

5. 輸入節點數和正方型格子邊長。

6. 依螢幕指示，移動電子水平儀逐次在每條線上進行量測，並進行補償。

7. 將量測原始數據及圖形和計算結果數據及圖形列印出來，並黏貼在實習報告上。

注意事項：

1. 確定花崗石平台上是否有劃線。若需劃線請用 6B 鉛筆輕輕劃，禁止放置金屬或硬物在平台上。

2. 每次使用完後，一定要關閉電子水平儀電源，否則電子水平儀的電池(特殊規格)很快就耗盡。

3. 電子水平儀和電腦連接信號線的插頭具有方向性，請勿拔開，以免發生無法操作實習的情況。

真平度量測實習報告

班級：_____　姓名：_____　學號：_____

組別：_____　實驗日期：_____年_____月_____日

一、實習結果：

請附上或黏貼電腦列印實習結果的報表紙

二、問題與討論：

1.請舉例說明：電子水平儀如何由顯示的數字判定平面傾斜狀況？

2.為什麼真平度實習只從幾個點的量測，就可畫出整個平面的圖形？

3.上題電腦所畫出的圖形和實際平面的傾斜狀況，兩者之間有沒有誤差存在？為什麼？

4.請說明影響電子水平儀精度的因素為何？

三、實習心得：

精密量測實習

作者 / 朱朝煌

執行編輯 / 林鉦傑

發行人 / 陳本源

總經銷 / 全華圖書股份有限公司

郵政帳號 / 0100836-1 號

印刷者 / 宏懋打字印刷股份有限公司

圖書編號 / 06227

初版一刷 / 2013 年 3 月

定價 / 新台幣 480 元

全華圖書 / www.chwa.com.tw

全華網路書店 Open Tech / www.opentech.com.tw

若您對書籍內容、排版印刷有任何問題，歡迎來信指導 book@chwa.com.tw

臺北總公司(北區營業處)
地址：23671 新北市土城區忠義路 21 號
電話：(02) 2262-5666
傳真：(02) 6637-3695、6637-3696

中區營業處
地址：40256 臺中市南區樹義一巷 26-1 號
電話：(04) 2261-8485
傳真：(04) 3600-9806

南區營業處
地址：80769 高雄市三民區應安街 12 號
電話：(07) 381-1377
傳真：(07) 862-5562

有著作權·侵害必究